이기적인 유전자란 무엇인가

DNA는 이기주의자!

나카하라 히데오미·사가와 다카시 지음
한명수 옮김

전파과학사

머리말

중국의 고전 『한비자(韓非子)』는 마키아벨리의 『군주론(君主論)』의 동양판이라고 하는데, 거기에 흐르는 중심 과제는 "인간은 이기적이다"라는 영원한 진리다. 그리스도교의 원죄(原罪), 불교의 아욕(我慾)이라는 사상도 분명히 인간이 이기적이라는 것을 인정하고 있다.

그런데 이기적이어야 할 인간에게 종종 자기를 희생하는 이타적(利他的)인 행위가 인정된다. 물에 빠진 자식을 살리기 위하여 바다에 뛰어든 아버지가 도리어 목숨을 잃은 이야기는 가장 전형적인 예다.

또한 아직도 뇌사(腦死)가 인정되지 않는 일본에서 실시되고 있는 생체 간이식도 간장을 제공하는 부모의 희생적인 행동으로 성립되는 의료 행위다.

이타적 행동은 반드시 인간만의 전매특허는 아니다. 동물들에게도 여러 가지 이타적인 행동이 인정된다. 물떼새의 어미는 새끼가 있는 둥지에 여우가 다가오면 여우 앞에서 상처를 입은 것처럼 다리를 질질 끌면서 주의를 끌어서 여우를 새끼에게서 멀리 떼어 놓는다.

다윈 진화론으로는 이러한 이타적인 행동을 아무래도 설명할 수 없다. 그래서 등장한 것이 도킨스이다. 도킨스는 진화를 이기적인 유전자의 살아남기 전략(戰略)으로 보아 아주 간단하게 이런 어려움을 극복했다.

이 극복 방식도 너무 명쾌했기 때문에 도킨스의 설은 금방

4

세계로 퍼졌다. 일본에서도 도킨스의 저서인 『이기적인 유전자』가 번역되었고, 다케우치(竹內久美子)가 『그런 터무니없는!』(文藝春秋: 1991)에서 도킨스의 설을 소개했다.

『한비자』에서는 인간의 이기주의에는 권모 수술로 대항해야한다는데, 유전자의 살아남기 전략도 놀랄 만큼 권모술수로 가득 차있다. 그리고 그것보다 더 권모술수가 넘치는 것이 도킨스의 진화론이다.

이 책의 목적은 도킨스가 어떠한 권모술수로 지금까지의 진화론을 극복했는지를 쉽게 해설하는 데 있다. 그와 동시에 유전자가 조금이라도 자기 자신을 늘리기 위해서 행하는 권모술수가 얼마나 굉장한 것인지도 알아주기 바란다.

다만 두 필자도 도킨스의 이기적 유전자설에 전면으로 찬성할 뜻은 없다. 그러나 현대 진화론의 '한비자'라고도 말할 수 있는 '이기적인 유전자'는 놀랄 만큼 매력적인 빛을 발하고 있다. 그래서 우리도 조금 권모술수를 쓰기로 했다. 자기 자신이 도킨스가 된 셈 치고 얘기를 진행하는 수법이다.

그렇게 함으로써 이 책에서 필자들의 진화론을 소거함과 동시에 보다 객관적인 입장에서 도킨스의 가설을 독자에게 소개할 수 있다고 믿는다.

이 책의 간행을 위해 고단샤(講談社)의 스에다케(末武親一郎) 과학도서 출판부장께서 대단히 수고를 하셨다. 여기에 감사하는 바이다.

차례

8

1장
현대의 주역=유전자

1. 유전자는 현대 사회의 주역

유전자는 국가다

19세기에 독일을 통일한 비스마르크는 "독일 문제는 철과 피로 해결되어야 한다."는 유명한 연설을 하여 철혈재상(鐵血宰相)이라 불렸다. 당시의 철강업은 산업 혁명이 한창일 때, 폭풍 같은 수요에 힘입어 대약진을 이루고 자본주의의 주역이 되었다.

'철은 국가다'는 이 무렵부터 전 세계의 슬로건이 되었고, 메이지(明治) 유신으로 막 근대 국가의 축에 낀 일본도 1901년에 야하타(八幡) 제철소를 개설했다.

19세기 후반에서 20세기에 걸쳐 제국주의를 뒷받침한 것이 철도이고, 또한 군함과 대포였던 것을 생각하면 말 그대로 '철은 국가'였다.

그러나 21세기가 눈앞에 다가온 현재, 이미 철은 자동차와 전자 공학에 기간산업의 지위를 양보했다. 그리고 그 다음 산업의 주역이 되려는 것이 생물공학(biotechnology)이다. '철은 국가다'를 대신하여 '유전자는 국가다'의 시대에 돌입하려 하고 있다.

1987년에 '사카타(坂田)의 종자'라는 회사가 도쇼(東証) 2부시장에 상장되었다. 인기가 들끓어 매매가 성립하기까지 3일이나 걸렸고 첫 번째 가격이 사상(史上) 제2위인 8,000엔(円)이 되었다. '사카타의 종자'는 글자 그대로 종자를 취급하는 종묘 회사이며, 일본에서는 옥수수에서 80%, 멜론과 시금치에서 60%, 팬지 등의 원예용 꽃에서는 97%의 시장을 점유하고 있다. 그리고 종자는 유전자 그 자체이다.

유전자를 제압하는 것이 세계를 제압한다. 새로운 전쟁이 바로 시작되려 하고 있는데, 그 싸움이야말로 유전자 전쟁이다. '사카타의 종자' 회사는 이런 유전자 전쟁의 일본 대표이며, 가까운 장래 도요타(TOYOTA)나 소니(SONY)를 대신하는 국제적 기업이 될지 모른다.

종묘 회사의 상품인 종자는 보통 종자와 다르다. 어디가 다른가하면 하이브리드(hybrid), 즉 잡종 종자라는 점이다. 잡종이라는 것은 왠지 양친보다도 생육이 왕성하고 병해충 등에 강하다. 이렇게 잡종이 양친보다 뛰어난 것을 잡종 강세(雜種强勢)라고 부른다. 요컨대, 하이브리드는 다른 성질을 가진 두 종류의 사물을 교배하여 그 어느 쪽보다 생육이 좋고, 다수확이며, 질병에 강하고, 또한 맛이 좋은 것을 만들어낸다.

그런데 잡종 강세에는 약점이 있다. 그것은 1대에 한정된다는 것이며, 그 때문에 종자를 매년 사야 한다.

미국은 하이브리드 콘(hybrid corn)으로 세계 옥수수 왕국이 되었다. 앞에서 얘기한 것처럼 옥수수의 1대 잡종은 양친보다 생활력이 강하고 성장도 빠르다. 더욱이 열매가 커서 수확량도 많다.

이 하이브리드 콘 종자를 뿌리면 옥수수 열매가 열린다. 그러나 이 옥수수 열매를 다음에 뿌려도 싹이 나오지 않는다. 따라서 하이브리드 콘을 심기 위해서 농가는 매년 하이브리드 콘의 종자를 사야 한다.

미국이 전 세계의 옥수수를 지배하는 것은 어느 나라나 하이브리드 콘 종자를 미국으로부터 사야 하기 때문이다. 세계의 옥수수를 재배하는 농가는 하이브리드 콘이라는 미국제 유전자

14

〈그림 1-1〉 수평선까지 이어지는 옥수수 밭

를 계속 사야한다.

미국에서 하이브리드 콘이 만들어진 것은 제2차 세계대전이 일어나기 조금 전이다. 현재 옥수수의 종자 시장에서 전 세계 50퍼센트의 시장 점유율을 자랑하는 세계 최대의 종묘 회사 파이어니어사(社)의 스키드모어 사장은 "제2차 세계대전에서 미국이 이긴 원인은 물량도 원자 폭탄도 아니다. 하이브리드 콘의 품종개량에 성공했기 때문이다"라고 분명히 말했다. 전함 야마토(大知)도, 제로센(零戰)도 옥수수의 유전자에게 졌다.

하이브리드 콘의 유전자에는 결코 'Made in U. S. A'라고 쓰여 있지 않다. 그 때문에 아무도 알아차리지 못하지만 유전자는 거대 산업의 주역이 되고 있다.

DNA는 명탐정

현재 세계적으로 대유행 중인 에이즈 바이러스, 이 에이즈 바이러스의 발견을 둘러싸고 바로 얼마 전에 일대 스캔들이 일어났다. 에이즈 바이러스를 처음으로 발견한 사람은 프랑스 파스퇴르 연구소의 뤼크 몽타니에(Luc Montagnier)다. 몽타니에는 1983년 5월에 에이즈 바이러스를 발견했다고 보고했다.

그런데 미국의 NIH(미 국립 위생연구소)의 로버트 갈로도 같은 시기에 몽타니에와는 별도로 에이즈 바이러스를 발견했고 1984년 5월에 이를 논문으로 발표했다. 그때 갈로는 자기가 발견한 에이즈 바이러스와 몽타니에가 찾아낸 그것을 비교하기 위해 몽타니에게 에이즈 바이러스를 보내달라고 했다.

그런데, 몽타니에와 갈로가 서로 다른 환자에게서 분리했다는 에이즈 바이러스를 자세히 조사해 보니 두 에이즈 바이러스의 유전자 구조가 거의 같았다. 두 에이즈 바이러스가 가지고 있는 유전자는 그 구조의 98퍼센트가 일치했다.

분명히 에이즈라는 병은 치사율이 매우 높은 전염병이다. 그러나 현대 사회에서 전염병이라는 말은 거의 사어(死語)에 가깝다. 그래도 에이즈를 무서워하는 것은 치료법이 없을 뿐더러 예방하는 백신이 없기 때문이다.

에이즈 바이러스의 최대 특징은 바이러스 구조가 빈번히 변화하는 것이다. 백신을 만들 수 없는 것은 이 에이즈 바이러스가 자꾸 변화하기 때문이다. 어떤 에이즈 바이러스에 대응하는 백신을 만들었다 해도 전혀 다른 구조를 가진 에이즈 바이러스가 침입하면 백신 구실을 하지 못한다.

이런 에이즈 바이러스의 특징을 생각하면, 갈로가 발견했다는 에이즈 바이러스와 몽타니에의 에이즈 바이러스가 꼭 닮은 것은 기묘한 일이다. 그 때문에 갈로의 발견은 세계 과학자로부터 의심을 받게 되었다. 이 의문에 대하여 갈로는 몽타니에의 환자와 자기 환자가 동성애의 섹스 파트너였기 때문에 두 바이러스가 같다고 반론했다.

그러나 프랑스측은 이러한 갈로의 주장은 납득할 수 없다며 소송을 제기했다. 이리하여 에이즈 바이러스의 발견은 미국과 프랑스 에서 서로 양보할 수 없는 논쟁이 되었다. 아무튼 이 발견으로 NIH는 제약업자로부터 에이즈 검사 시약 등의 특허료로 연간 500만 달러에서 600만 달러(약 7억~8억 엔)를 받았고, 갈로 자신도 10만 달러(약 1400만 엔)를 받았다.

1991년 5월에 6년간에 이르는 논쟁이 종지부를 찍었다. 갈로가 영국의 과학 잡지 『네이처』에

"내가 분리했다고 생각한 에이즈 바이러스는 바이러스를 배양하고 있을 때 몽타니에의 바이러스가 섞여 들어간 것이었다."

라고 발표했기 때문이다. 이 결과, 갈로가 발견했다고 주장하던 에이즈 바이러스는 몽타니에가 확인 시험을 위해 갈로에게 보낸 에이즈 바이러스였다는 것이 확인되어 논쟁은 사실상 끝났다.

에이즈 바이러스의 발견은 위대한 업적임에도 갈로에 대한 의혹 때문에 노벨상 수상도 보류되어 있었다. 아마 이번 결말로 몽타니에에게 노벨상이 수여될지 모른다. 그리고 이 논쟁은 최악의 스캔들로 과학사에 오래 남을 것이다.

이 논쟁에서 주역의 자리는 역시 유전자였다. 유전자 구조인 염기 배열이 조사되어 갈로의 데이터 날조가 밝혀졌다. 유전자는 명탐정이었다.

현실적으로도 유전자는 범죄 수사에도 이용되기 시작했다. 1991년 5월에 일본 경시청(警視廳)은 사람의 유전자, 즉 DNA 분석을 범죄 수사에 도입하기로 결정했다.

DNA는 혈액, 정액, 피부 등의 모든 세포에 함유되어 있어서

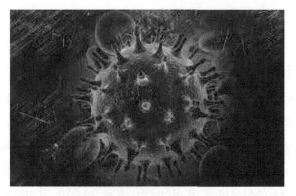

〈그림 1-2〉확대한 에이즈 바이러스

일생 동안 전혀 변하지 않는다. 또한 일란성 쌍둥이를 제외하
면 똑같은 DNA를 가진 사람은 한 사람도 없으며. 부모와 자
식인 경우에는 반만큼 일치하므로 개인 식별에는 대단히 유효
하다. 더욱이 DNA가 극히 미량만 있어도 분석할 수 있으므로
아주 적은 혈흔에서도 정보가 얻어진다.

　이런 사실에서 DNA 분석은 지문이나 혈액형 따위보다도 많
은 정보를 얻을 수 있다. 그 때문에 DNA 분석은 DNA 감정이
나 DNA 지문이라고도 부른다. 일본 경시청이 도입한 것은 영
국의 레스터 대학에서 개발된 간이 분석법이다.

　갈로의 거짓말을 폭로한 명탐정 유전자도 가까운 장래에 실
제 사건 해결에 크게 활약할 것이 틀림없다.

2. 진화론의 열쇠를 쥔 유전자

화석에서 유전자로

진화론 중에서 사람들의 흥미를 가장 많이 끌어 모으는 테마는 인류의 기원이라고 해도 된다.

1856년에 독일의 네안데르 협곡에서 기묘한 사람 뼈가 발견되었다. 이 화석은 현재의 인류에 매우 가까운 조상이라고 하여 네안데르탈인이라고 불렀다. 그 후로 인류의 기원이라는 깊은 수수께끼를 푸는 열쇠는 언제나 발굴된 화석이었다.

물론, 처음에 네안데르탈인이 발견되었을 때 이 기묘한 뼈는 인류 조상의 것이라고 생각하지 않았다. 당시 독일 의학계의 최고봉에 있고 날아가는 새도 떨어뜨리는 기세였던 병리학자인 루돌프 피르호는 이 뼈를 선천성 이상을 가진 사람의 뼈라고 주장하여 양보하지 않았다. 네안데르탈인의 뼈가 인류 조상의 것이라고 인지한 것은 발견되고 나서 30년이나 뒤의 일이다.

기묘하게 다윈이 진화론을 발표한 것도 네안데르탈인의 뼈가 발견된 것과 거의 같은 무렵인 1850년대의 일이다. 당시 화석은 진화를 증명하는 유력한 수단이었다. 여러 가지 생물을 잇는 단계적 화석이 발견된다는 것은 생물이 분명히 변이되어왔다는 것을 의미했다.

그 후 오랫동안 화석이 진화론이 주역이던 시대가 계속되었다. 그 진화론에 대혁명을 가져온 것이 분자생물학이다. 특히 분자생물학의 발전으로 유전자 분석이 가능하게 되자 낡은 정설을 뒤엎는 새로운 발견이 잇따라 이루어졌다.

예를 들면, 분자생물학은 일본인의 조상이 어디서부터 왔는

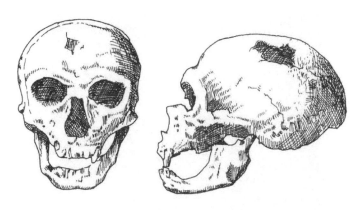

〈그림 1-3〉 네안데르탈인의 머리뼈(프랑스의 라 샤펠 오 상 출토)

가 하는 1세기 이상에 걸친 논쟁에 깨끗이 종지부를 찍었다.

일본인의 조상에 관해서는 이른바 남방설과 북방설이 있다. 일본 열도의 원주민인 조몬인(繩文人)이 육지로 이어진 남방 대륙으로부터 왔는가, 그렇지 않으면 북방에서 이동해 왔는가 하는 것이 남방설과 북방설이다. 두 가지 학설을 둘러싸고 언어학, 고고학, 인류학 같은 간접적인 증거밖에 없는 씨름판 위에서 오래도록 논쟁이 되풀이되어왔다.

그런데 1989년 구립 유전연구소의 다카라기(寶來聰)는 사이타마(埼玉)현 우라와(浦知)에서 출토된 약 6000년 전 것으로 생각되는 조몬인의 뼈로부터 미토콘드리아의 유전자를 얻어내 이를 분석하여 유전자의 염기 배열을 결정했다. 이 미토콘드리아는 핵속에 있는 것과는 다른 독자적 유전자를 가진 세포내 소기관의 하나다.

그 결과는 실로 뜻밖이었다. 조몬인의 미토콘드리아 유전자는 동남 아시아인들의 유전자와 일치했다. 이것은 남방설이 옳

20

〈그림 1-4〉 굴장된 네안데르탈인. 무릎을 구부리고 오른
쪽 옆구리를 아래로 하고 있다. 이스라엘
아무드 동굴 출토(일본 국립과학박물관 소장)

다는 것을 증명하는 직접적인 증거가 되었다.

세계적으로도 유명한 유전학자인 기하라(木原均)는 "지구 역사
가 지질에 쓰여 있는 것과 같이 생물의 역사는 유전자에 기록
되어 있다"라고 말했다. 지금은 바야흐로 진화론의 주역도 화
석에서 유전자로 교대했다.

이브는 아프리카에서 태어났다

1989년 말에 시카고에서 열린 전미 인류학회는 새로 제출된
'이브 가설'을 둘러싸고 떠들썩했다. 여기서 대립한 것은 유전
학자와 인류학자다. 그것은 다름 아닌 유전자와 화석의 다툼이

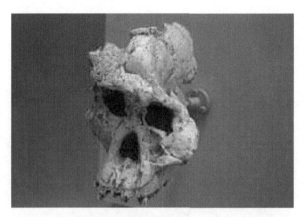

〈그림 1-5〉250만 년 전의 것으로 추정되는 원인. 오스트
랄로피테쿠스(남쪽 원숭이라는 뜻)의 머리뼈

었다.

이러한 유전자와 화석의 다툼은 오늘날 시작된 것은 아니었
다. 이미 유전학자와 인류학자 사이에서는 10년 이상에 걸친
격렬한 논쟁이 벌어졌다.

논쟁의 실마리는 미국의 캘리포니아 대학 버클리 캠퍼스에
있던 앨런 윌슨과 빈센트 새리치라는 두 분자생물학자의 연구
였다.

윌슨과 새리치는 1967년에 비비, 침팬지, 사람 따위에게 있
는 글로불린이라는 혈액 단백질의 분자 구조를 조사했다. 이
분자 구조는 종의 진화에 수반하여 어떤 일정한 속도로 변화한
다는 것이 알려져 있다.

분자 구조를 분석한 결과에 의하면, 비비와 침팬지의 분자
구조는 크게 달랐다. 반면 사람과 침팬지의 분자 구조 차이는
아주 작았다. 이런 사실로부터 윌슨은 사람이 침팬지로부터 나

〈그림 1-6〉 탄자니아(아프리카)는 인류 발상지의 하나로 여겨지고 있다

눠진 시기는 정설보다도 더 가까운 대략 500만 년 전이라는 결론을 내렸다.

사람의 조상이 침팬지에서 나눠진 것은 적어도 1500만 년 전이라는 추정이 그때까지 화석에 의한 연구결과로 널리 믿어졌다. 윌슨의 새로운 학설은 그간 많은 인류학자의 생각과는 크게 어긋났다.

인류학자들에게 유전자와 화석에 의한 인류 탄생의 시기가 1000만 년이나 다른 것은 큰 충격이었고 믿을 수 없는 일이었다.

그러나 이윽고 이 논쟁은 윌슨 진영의 대승리로 막을 내렸다. 처음에는 무시했던 인류학자도 새로 발견된 화석 분석이 진행됨에 따라 1500만 년 전의 뼈가 인류 조상의 것이 아님을 알게 되었다.

1장 현대의 주역=유전자 23

증거는 미토콘드리아에

1987년 말에 시카고에서 다시 열린 제2차 유전자, 화석 논쟁은 십수 년의 논쟁을 넘어서는 훨씬 흥미 깊은 것이었다. 현재 지구상에서 생활하고 있는 모든 인류의 공통 조상이 발견되었으니 말이다. 그리고 인류의 기원은 단지 한 사람의 여성으로 거슬러 올라갈 수 있었다.

그 공통의 조상이란 지금부터 대략 20만 년쯤 전에 아프리카에서 살던 한 여성이었다. 놀랍게도 모든 현대인은 인종의 차이 따위는 전혀 관계없이 단지 한 사람의 유전자를 이어받아 가지고 있다.

이 흥분에 찬 논쟁의 실마리를 만든 것은 다시 캘리포니아 대학 버클리 캠퍼스의 윌슨이었다. 윌슨은 '이브 가설'을 발표하여 인류의 기원을 500만 년이 아니라 무릇 20만 년이라는 놀랄 만큼 가까운 과거로 추정했다. 그리고 당연한 일이지만 윌슨은 다시 큰 반론에 맞서 싸우게 되었다.

이브의 발견은 당시 윌슨의 동료이며, 현재 하와이 대학에 있는 레베카 캔과 공동 연구로 진행되었다. 캔은 여러 인종이 모인 147명의 임산부 태반에서 꺼낸 미토콘드리아의 유전자를 비교했다.

1960년대에는 미토콘드리아에 유전자가 존재하는 사실이 알려지지 않았는데, 1970년대 말이 되자 미토콘드리아의 유전자를 비교하여 인류의 진화 과정을 살필 수 있게 되었다.

미토콘드리아의 유전자는 부모로부터 이어받은 핵 속의 유전자와는 달리 어머니가 가지고 있는 유전자만이 전해진다. 이 미토콘드리아 유전자의 기원을 더듬어 가면 아프리카에까지 다

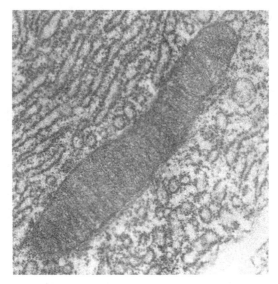

〈그림 1-7〉 미토콘드리아의 전자현미경상〔블루백스
『세포를 읽는다』, 야마시다(山科正平) 지음〕

다른다는 것이 판명되었다.

또한 미토콘드리아의 유전자는 최종적으로 단지 한 사람의
여성이 가지고 있었다고 생각되는 유전자로까지 거슬러 올라갈
수 있었다. 물론 윌슨은 이브라는 이미지로부터 연상되는 것처
럼 인류가 정말로 한 사람의 여성으로부터 출발했다는 의미는
아니라고 설명했다. 아마 처음에 태어난 수천 명 정도의 여성
가운데 행운을 지닌 한 여성의 유전자가 현재의 인류에게 전달
되었고 그가 이브라고 주장했다.

성이 사라지는 확률

틀림없이 인류의 미토콘드리아 유전자의 기원이 단지 한 사

람의 여성에서 비롯되었다는 것은 다소 이해하기 어려운 일일 것이다. 그러나 이것은 간단한 확률 법칙으로 증명된다.

여기서는 미토콘드리아의 유전자가 여성에서 여성에게 전달되는 것과 마찬가지로, 일반적으로는 남성에게 남성으로만 전달되는 성(姓)을 예로 들어 이 확률 법칙을 간단하게 설명한다.

어떤 성을 가진 남성이 결혼했다고 하자. 그 남성에게 세 자녀가 태어났다고 하면 세 사람 모두 여자 아이인 확률은 8분의 1이다($\frac{1}{2} \times \frac{1}{2} \times \frac{1}{2} = \frac{1}{8}$). 또 자녀가 2명인 경우, 두 사람 모두 여자 아이인 확률은 4분의 1이 된다. 다만 여기서는 남자와 여자가 같은 확률로 태어난다고 가정하고 있다.

또한 자녀가 한 사람도 없을 가능성도 적지 않다. 즉 남성의 성이 사라질 확률은 그다지 낮지 않다.

조지아 대학의 유전학자 존 애버이즈의 계산에 의하여 100개의 성이 있다고 해도 20세대 후에는 100개 중의 90은 소멸된다는 것이 증명된다.

실제로 1970년에 일어난 바운티호(號)의 반란에서는 6명의 영국 해군 병사가 13명의 타히티 여성과 함께 태평양의 비트케안 섬에 정주했다. 그때는 겨우 7세대로 성의 반이 없어졌다고 한다.

만일 비트케안 섬에서 그 뒤 수세대나 이런 상태가 계속되었다면 어느 날엔가는 반드시 섬의 전원이 같은 성이 되어 있으리라 생각된다. 그때가 되어 누군가가 비트케안 섬을 방문했다면 모든 섬사람이 한 남성의 자손이라고 생각하게 될 것이다.

이런 사실에서 생각해 보면, 현대인에게 공통인 미토콘드리아의 유전자를 가진 한 여성, 즉 아프리카의 이브가 존재했다

〈그림 1-8〉 영화 「전함 바운티호의 반란」. 오른쪽이 주연을 맡은
클라크 게이블

고 해도 결코 이상하지 않다. 이에 대해서는 인류학자일지라도
반대할 수 없다고 생각된다. 문제는 윌슨이 계산한 아프리카
이브가 살아 있던 시기다.

미토콘드리아 유전자의 돌연변이에 주목하여 이브가 가지고
있던 유전자에 돌연변이가 몇 번 정도 발생하였는가를 조사하
면 이브가 생활하고 있던 시기를 계산할 수 있다.

미토콘드리아의 유전자가 100만 년 동안에 돌연변이를 일으
키는 비율은 대강 2~4%라고 한다. 이런 숫자로부터 이브가 태
어난 시기를 계산해 보면 대략 20만 년 전이 된다. 윌슨은
1987년에 이 숫자를 발표하였는데, 미국 에모리 대학의 월리
스의 연구 그룹도 거의 같은 숫자를 발표했다.

  윌슨 연구팀은 이브가 아프리카에서 발생했다고 결론을 내렸
다. 그러나 에모리 대학의 월리스 연구팀은 아프리카 기원설이
유력하기도 하지만 이브의 기원이 아프리카가 아니고 중국 동
남부일 가능성도 부정하지 않는다.
  어쨌든 이들 문제의 열쇠는 유전자 자체가 가지고 있는 것이
확실하다.

2장
흥분의 1세기

1. 다윈에서 시작되다

이기적 유전자설은 다윈설

19세기의 위대한 과학자 찰스 다윈을 빼놓고 진화론을 얘기할 수는 없다. 또한 다윈 진화론을 빼놓고 이 책의 목적인 도킨스의 이기적 유전자에 관해서 얘기할 수 없다.

왜냐하면 도킨스는 그의 저서 『이기적인 유전자』(1989)의 머리말에서

"이기적 유전자설은 다윈의 설이다. 그것을 다윈 자신은 실제로 선정하지 않은 방식으로 표현한 것인데, 그 타당성을 다윈은 즉석에서 인정하고 크게 기뻐했을 것이라고 나는 생각하고 싶다. 사실은 그것은 정통적인 네오다위니즘의 논리적 발전이며 단지 새로운 이미지로 표현되었을 뿐이다"

라고 분명히 기술했다.

진화론에 대한 다윈의 업적은 새삼스럽게 여기서 상세히 되풀이 할 필요는 없겠다. 1859년에 다윈은 『종의 기원』을 발표했다. 정확하게는

『자연도태(자연선택)에 의한 종의 기원, 또는 생존 투쟁에 이겨 남는 종의 보존에 대하여』

라는 긴 제목을 가진 이 책은 그때까지의 생물학을 크게 바꿔놓았다. 즉 다윈의 진화론은 그때까지 주로 생물의 다양성에 주목해 온 박물학과 같은 생물학을 자연 과학으로서의 생물학으로 탈피했다.

『종의 기원』 중에서 다윈은 사실을 철저하게 쌓아올려 거기

에서 보편적 원리를 구하는 귀납법을 취했다. 다윈은 변이의 사실, 유전의 사실, 생물 간의 경쟁이 있다는 사실, 품종개량에서 볼 수 있는 인위도태(人爲淘汰)의 사실, 적응의 사실 등에 대하여 철저하게 조사했다. 그리고 나서 이들 사실을 '자연도태'라는 하나의 원리로 설명했다.

다윈의 진화론을 간단히 요약하여 보자. 일반적으로 말하면, 생물은 살아남아 자손을 만드는 개체수보다도 더 많은 자손을 만든다. 그 때문에 태어난 자손들 사이에는 냉엄한 생존 경쟁이 일어난다. 그러나 태어나는 개체 중에서 변이가 따르는 것이 있다. 다윈은 이렇게 하여 태어나는 개체차 또는 개체 변이를 중시했다.

개체 변이는 생존 경쟁에서 유리하게 작용하는 일이 있다. 그 결과, 유리한 변이를 일으킨 변종은 그렇지 않은 개체보다도 살아남을 가능성이 아주 조금씩 높아진다. 이러한 과정이 몇 천 세대, 몇 만 세대라는 긴 동안 되풀이됨으로써 이 변종이 그 종 가운데 다수를 차지하게 된다. 이리하여 새로운 종이 탄생하게 된다.

이 논리는 아주 명쾌하고 알기 쉽다. 그 때문에 다윈의 진화론은 급속히 사람들의 지지를 얻어냈다.

유전의 수수께끼—혼합설

이 이론에서 다윈은 생존 경쟁에서 살아남을 수 있었던 유리한 개체화는 대대손손 전달된다고 생각했다.

왜냐하면, 아무리 개체차가 생존 경쟁을 유리하게 유도했다고 해도 그 개체차가 1대에 한정되고 자손에게 전달되지 않는

〈그림 2-1〉 찰스 다윈의 동상. 처음에는 의학의 길
로 나아갔으나 도중에 단념하고 신학을
전공. 그 뒤 박물학이나 지질학에 흥미
를 느껴 1831년 비글호에 승선했다

다면 몇 대가 지나도 새로운 종은 생기지 않는다. 그 때문에
다윈은 아무리 작은 개인차라도 그것이 대대로 축적되어감으로
써 신종이 탄생한다고 생각했다. 즉 유전을 중시했다.

그런데 당시의 유전에 대한 생각은 '혼합 유전' 또는 '융합
설'이라고도 부르는 설이 주류였다. 이 생각에 따르면 암컷과
수컷이 교배하여 자손이 생길 때에 부모로부터 유전한 성질은
모두 자손 에게 혼합된다는 것이다. 그 때문에 유전은 종종 비

유로서 피와 관련되어 얘기해 왔다.

그런데 이 융합설에는 난점이 많다. 먼저 같은 수컷과 암컷 사이에서 생긴 자손인데, 함께 태어난 개체끼리 조금도 닮지 않는 일이 있다. 같은 부모로부터 전달된 유전적인 성질이 꼭 같게 혼합되었을 터인데 자손끼리 닮지 않았다는 것은 융합설로 설명할 수 없다.

또 부모의 유전적 성질이 자손 안에서 혼합된다면 어떤 집단 속에서 이루어지는 교배로 태어나는 자손들은 수세대나 지나면 어느 개체도 비슷한 중간형의 것이 되어버린다. 그것은 여러 가지 물감을 섞으면 모두 진흙 빛을 띤 갈색이 되는 것과 아주 비슷하다.

이런 융합설에서는 개체에 아무리 유리한 변화가 생겨도 전체로서는 옅어진 상태로만 자손에게 전달된다. 또한 그 자손의 다음 세대에 전달될 때에는 다시 변이는 옅어진다. 이렇게 되면 몇 세대인가 뒤에서는 아무리 유리한 성질도 없어져 버려 자연도태도 작용할 수 없다.

이렇게 되면 다윈의 진화론은 아무것도 없게 된다. 그래서 다윈은 유전에 관해서도 새로운 생각을 전개했다.

판게네시스 설

『종의 기원』을 쓴 시점에서 다윈은 유전에 관해서는 거의 설명하지 않았던 것 같다. 특히 유전 메커니즘에 관해서는 전혀 기술하지 않았다,

그 때문에 다윈은 나중에 『가축 재배식물의 변이』라는 저서에서 '판게네시스 설(pangenesis theory)' 또는 '판제네시스 설'

이라 불린 생각을 발표했다.

유감스럽게도 다윈 시대에는 아직 멘델의 유전 법칙이 알려지지 않았다. 그 때문에 다윈은 유전에 대해서 크게 괴로워했지만 프랑스의 라마르크가 주장하던 획득 형질의 유전만은 절대로 인정할 수 없었다. 그때 다윈이 생각한 가설이 판게네시스 설이었다.

이 이론에 따르면 생물의 몸에 있는 모든 세포에는 작은 제뮬(gemmule)이라는 입자가 있다. 제뮬은 생물의 형태나 색 등의 특징을 가지고 있는 것이다.

또한, 제뮬은 증식하거나 다른 세포로 이동할 수도 있다. 그 때문에 정자나 난자 같은 생식 세포에는 몸속의 체세포로부터 제뮬이 모인다.

그 결과, 체세포의 여러 가지 변화는 제뮬에 의하여 생식 세포로 전달될 수 있다. 다윈은 이리하여 몸의 모든 장소에서 생긴 변화가 생식 세포로, 또 마찬가지로 부모에서 자식에게 전달되는 메커니즘을 판게네시스라고 불렀다. 예를 들면, 제뮬이라는 입자가 부모 체세포의 '백이면 백'이라는 성질을 가지고 있으면 확실히 그 자손의 체세포도 '백'이 된다.

그러나 문제는 그 제뮬이 몇 세대 뒤에까지 효력을 계속 가질 수 있는가였다. 다윈은 약 2대까지는 효력이 있다고 생각한 것 같다. 또한 절대로 인정할 수 없었던 획득 형질의 유전도 판게네시스설로는 부정하지 못했다. 판게네시스 설에 의하면 체세포의 모든 변화가 유전되므로 획득 형질도 자손에게 전달되기 때문이다.

현대의 유전학에서는 체세포와 생식 세포 사이에는 일체 관계가 없고 유전은 생식 세포만 통해 이루어진다는 것이 상식이다. 그러나 다윈 자신은 이런 사실을 몰랐다. 유전에 관해서는 체세포와 생식 세포가 완전히 무관하다는 것은 훗날 바이스만이 증명했다.

지금 생각하면 이 판게네시스 설은 성립되지 않는 것이라고 생각된다. 그러나 당시 일반적으로 널리 융합설이 믿어졌던 것을 생각하면, 유전이 혼합되지 않는 어떤 종의 입자에서 비롯된다고 알아차린 다윈은 역시 천재였다고 말할 수 있다.

분명히 다윈 자신은 유전 메커니즘에 관해 올바르게 설명하지 못했다. 그러나 다윈 진화론에 남은 의문을 해결하기 위하여 많은 과학자가 유전 연구를 진행했다.

그 결과 20세기가 되자 모건, 윗슨, 크릭 등에 의해 유전 메커니즘이 해명됐다. 유전자 변이에 관해서도 그 이전에 드 브리스나 멀러에 의하여 돌연변이의 존재가 실증되었다.

이런 유전학 연구로부터 유전자가 '유전'이라는 현상의 주역임이 확실해졌다.

도킨스가 말하는 것처럼 다윈은 진화론을 제창하는 중에 어느 날엔가 유전자가 진화론의 주역이 되는 것을 예상하고 있었는지도 모른다.

어쨌든 다윈 진화론과 유전학의 관계를 모르면 도킨스의 이기적 유전자 이론이 어떻게 나왔는지를 이해하기 어렵다. 그래서 이어 유전 법칙에 대하여 간단히 설명한다.

2. 멘델의 발견

쇼군 요시무네도 알고 있던 유전 현상

유전이라는 것은 부모의 여러 가지 형질이 그 자식에게 전달되는 현상이다. 판다의 새끼들은 판다가 되며, 침팬지로부터는 침팬지가 태어난다. 청어 알은 모두 청어가 되고, 이크라는 모두 연어가 된다.

좀 더 과학적으로 표현하면 판다의 유전자는 판다가 되기 위한 유전 정보를 가지고 있다. 그 유전 정보가 틀림없이 정확하게 자손에게 전달되는 것이 유전이다. 그러므로 유전이란 모든 생물이 독자적으로 가지고 있는 모든 유전 정보를 올바르게 자손에게 전달하는 메커니즘이라고 할 수 있다. 그리고 이 유전 메커니즘을 연구하는 과학 분야가 유전학이다.

유전학이라고 하면 어쩐지 어려운 학문처럼 들리지만 학교에서 배운 '생물'의 한 분야라고 하면 친근하게 느껴질 것이다. 어렸을 때 교실에서 배운 '생물' 수업을 떠올리며 이 장을 읽기 바란다.

인류는 태곳적부터 유전 현상을 알고 있었다. 우리 조상은 아득한 옛날부터 유전을 착실히 이용해 왔다.

농업은 벼나 보리 종자를 심으면 쌀이나 보리가 난다는 유전학의 가장 초보적인 경험과 지식의 응용이다. 또 인류는 지구상의 가축이나 채소에 헤아릴 수 없을 만큼 여러 가지 품종 개량을 해왔는데, 이것은 유전 메커니즘을 잘 모르면 할 수 없었던 일이다.

우리 할아버지나 할머니가 얼마나 뛰어난 유전학의 응용 기

〈그림 2-2〉 '젖소의 왕' 홀스타인종. 독일의 홀스타인 지방 등 원산으로 우유
량 연간 18톤이라는 경이적 기록도 있다

술자였는지는 사과의 '델리셔스', '골든델리셔스', '인도', '국광
(國光)', '아사히(朝日)', '후지(富士)', '스타킹', '쓰가루(津輕)'라는
품종을 들면 알게 된다.

포도에는 '마스킷', '알렉산드리아', '교호(巨峰)', '고슈(甲州)',
'델러웨어' 등 많은 품종이 있다.

실은 이러한 사과나 포도의 품종 개량의 주역은 유전자이다.
예를 들면, '골든델리셔스'와 '후지'라는 두 사과의 빛깔이나
맛이 다른 것은 단지 각각 가지고 있는 유전자가 다르기 때문
이다.

품종 개량은 농업뿐만 아니고 축산 분야에서도 실시되었다.
소는 1년에 6,000킬로그램의 우유를 생산하는 대형 '홀스타

인', 우유량은 비록 3,000킬로그램도 안되지만 버터 원료에 알맞은 우유를 내는 '저지', '건지', 젖소보다 고기소로서 뛰어난 '애버딘 앵거스', '쇼트혼', '헤레퍼드' 같은 품종이 개량되었다.

그 밖에도 역용종(役用種)이라고 하여 체력이 강하고 농경에 알맞은 인도산의 '황우', '한우'라는 한국산 소도 있다. 또 같은 젖소라도 마시는 것은 우유의 지방구가 작고, 버터로 쓰는 것은 지방구가 큰 것이 맛이 좋다. 그 때문에 인간은 소를 버터용과 밀크용의 젖소로 개량했다.

돼지 품종도 세계에 100종 이상 있다고 한다. 이 100종 이상의 돼지 품종은 간단하게 세 가지 타입으로 분류할 수 있다. 라드(돼지기름)에 알맞은 라드 타입, 베이컨용의 베이컨 타입, 포크커틀릿(돈가스)으로 하면 좋은 포크 타입이 그것이다. 우리가 잘 아는 '요크셔'와 '버크셔'는 포크 타입이다. 베이컨 타입의 대표는 '랜드레이스'이다.

이렇게 포크커틀릿이나 비프스테이크도 품종 개량한 돼지나 소의 고기를 사용한다. 이를테면 맛있는 포크커틀릿이나 비프스테이크를 먹는 것은 돼지나 소가 가지고 있는 맛있는 포크커틀릿용이나 비프스테이크용의 고기를 만들 수 있는 유전자가 만든 고기를 먹는 일이다. 최근 유행하는 그르메족 사람들은 도베(神戶) 소나 마쓰자카(松坂) 소 같은 특별한 유전자에 비싼 돈을 치르고 있다.

우리 조상은 인류에게 더 유용한 유전자를 골라내어 그 유전자를 개량하는 천재였다.

개나 고양이와 같은 동물이나 금붕어, 비단 잉어, 국화 따위의 취미 영역에서도 유전자가 주역이 되고 있다. 길모퉁이의 꽃가게에서 색색의 꽃을 볼 수 있는 것도 유전자를 품질 개량한 성과이다. 한 마리에 수백만 엔이나 하는 비단잉어도 보통 잉어와 무엇이 다른가 하면 유전자가 다르다. 진귀한 비단잉어의 비싼 값은 바로 유전자의 값이다.

일본 도쿠가와(德川) 시대의 8대 쇼군(將軍) 요시무네(吉宗)는 나가사키(長崎) 데지마(出島)에 있는 네덜란드 상관장(商館長)을 통하여 유럽산의 말을 수입했다. 에도(江戶) 시대에는 동물원이 없었으므로 요시무네는 수입한 유럽말과 일본말을 교배시켜 뛰어난 군용 말을 만들려 했을 것이다. 멘델이 유전 법칙을 발견하기 100년 이상 앞선 요시무네조차도 이런 유전학의 지식을 알고 있었다.

요즘도 경마용 서러브레드는 품질 개량을 위하여 유럽에서 수입한다. 또 더비나 기카상(菊花賞)에서 이긴 서러브레드는 한 번의 씨받이 값이 수백만 엔을 넘는다고 한다. 유전학적으로 말하면 경마라는 것은 서러브레드의 유전자에 돈을 거는 게임인지도 모르겠다. 이렇게 인간은 여러 가지 품종 개량을 위하여 유전에 관한 자식을 이용해 왔다.

그리고 이 유전이라는 메커니즘을 조절하는 것이 유전자다. 다리가 있으니 걷고, 눈이 있으니 보이는 것처럼 유전자가 있으므로 여러 가지 유전 정보가 부모에서 자식으로 전달된다. 이를테면 유전자가 유전 메커니즘을 지배하는 절대 군주다.

멘델의 발상은 왜 뛰어났는가

인류 탄생 이래 바로 약 100년 전까지 유전에 관한 법칙은 신비의 문 뒤에 숨어 있었다. 이 문을 연 것은 오스트리아의 수사 그레고어 요한 멘델이었고, 그 열쇠는 멘델의 수도원 마당에서 7년간에 걸쳐 계속 관찰한 완두콩이었다.

멘델의 연구는 황색 종자와 녹색 종자를 심고 각각 꽃을 피게 하고 인공적으로 교배시키는 일에서부터 시작했다. 그 결과 생기는 종자의 색을 조사하였더니 모두 황색이 된다. 몇 번 해보아도 결과는 같다.

다음에 이 2대째의 종자를 심고 핀 꽃끼리 교배시키면 3대째는 황색과 녹색의 비율이 3대 1이 된다.

여기서 멘델은 완두콩 종자에는 종자의 색을 결정하는 어떤 인자가 있다고 생각했다. 종자가 황색이 되는 인자를 A, 녹색이 되는 인자를 a라고 하면, 처음의 황색 종자는 AA, 녹색 종자는 aa의 인자를 가지게 된다.

생식 세포라고 부르는 수술이나 암술은 보통의 체세포와 달리 염색체가 반이므로 생식 세포의 수술이나 암술에서는 AA인 곳은 A로 되고 aa는 a로 된다.

이 A를 가진 꽃가루가 a인 암술과 수분하면 1개의 세포가 되어 Aa가 된다. 여기서 멘델은 A라는 인자가 a라는 인자를 억제한다는 훌륭한 생각을 했다. 요컨대, 황색이 되는 A라는 인자가 우성(優性)이고 이것이 녹색이 되는 열성(劣性) 인자인 a를 억제하므로 2대째 종자가 전부 황색이 된다고 생각했다.

다음에 3대째는 Aa와 Aa가 각각 A와 a로 뉘져서 수분되므로 AA와 aa가 1개씩, 그리고 Aa가 2개 생긴다. Aa는 A가 우성이므로 황색 종자가 된다. 그 결과, 황색 종자 3에 대하여 녹색 종자는 1이 된다. 멘델은 이 인자를 유전 인자라고 불렀다.

이 법칙은 '멘델의 법칙'이라고 불리는데, 멘델이 그의 생각

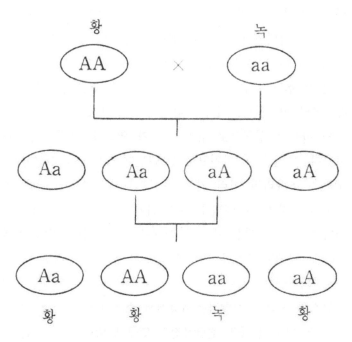

〈그림 2-3〉 멘델의 법칙. 3대째에 황색과 녹색은 3:1이 된다

을 발표한 1865년에 이 발견의 중요성을 지적한 과학자는 이 세상에 한 사람도 없었다. 멘델의 법칙은 무려 35년이나 뒤인 1900년에 네덜란드의 드 브리스 등 세 사람의 연구자에 의해서 재발견되었다. 이것이 과학사상 유명한 '멘델의 재발견'이다.

멘델의 위대함은 생물이 가지고 있는 여러 가지 형질 중에서 뚜렷이 구별할 수 없는 형질을 잘라버린 것이다. 빨간 꽃과 하얀 꽃, 황색 종자와 녹색 종자라는 간단히 구별할 수 있는 형질을 골라서 단순하게 통계 처리했다. 그때까지의 박물학적인 생물학에 통계학이라는 수학을 도입한, 이른바 생물 형질의 계량화에 성공했다.

한편, 멘델이 발견한 것은 어디까지나 유전 법칙이며 유전 그 자체는 아니었다. 그래서 멘델은 생물의 유전을 지배하는 것은 유전자라고 부르지 않고 유전 인자라고 불렀다.

유전 인자가 유전자로 불리게 된 것은 멘델의 재발견에서 20년 뒤의 일이었다. 미국의 유전학자 토머스 헌트 모건은 초파리를 사용한 실험으로 유전 인자가 염색체 상에 있는 것을 알아냈다. 모건은 이 발견으로 1933년에 노벨상을 수상했다.

모건은 초파리의 여러 가지 유전 인자를 염색체 상에 있는 점으로 파악하여 그 염색체 상의 위치를 통계적으로 결정했다. 이리하여 유전 인자는 뚜렷한 실체로서 존재하는 것이 밝혀졌다. 이때, 멘델이 수도원 마당에 완두의 종자를 뿌리고 나서 거의 80년의 세월이 흘렀다.

도킨스의 진화론 출발점은 4장에서 소개하는 J. B. S. 홀든이나 W. D. 해밀턴 등의 집단유전학 연구에 있다. 집단유전학 분야를 통계학과 유전학을 조합시킨 것이라고 생각하면 멘델이 도입한 수학적인 발상이야말로 도킨스 이론의 원점이라고 생각한다.

유전학은 수학뿐 아니라 화학과 물리학을 도입함으로써 유전자가 DNA라고 불리는 물질임이 증명되는데, 다음에 이 멋진 발견을 소개한다.

2장 홍분의 1세기 43

3. 진짜 주역, DNA의 등장

DNA의 발견

19세기 중엽에 멘델에 의하여 시작된 유전학은 20세기에 들어서 비약적인 진보를 이뤘다. 과학자들은 유전자야말로 생물의 가장 기본적인 설계도임을 알아차렸다. 그 결과, 유전자의 정체를 밝혀내는 격렬한 경쟁이 펼쳐졌다.

과학사상 가장 유명한 선두 다툼은 미국의 제임스 왓슨과 영국의 프랜시스 크릭이라는 두 과학자에 의하여 종지부를 찍었다. 유전자의 정체는 DNA라는 물질이었다. 왓슨과 크릭은 DNA의 구조도 밝혀냈다.

왓슨은 20살에 박사 학위를 딴 수재인데, 사람을 사람이라고 보지 않는 괴짜로 여겨졌다. 한편 크릭은 재능과 능력이 있는데도 어떤 문제나 참견을 좋아하여 도저히 차분한 연구 따위는 할 수 없는 성격이었다. 34살이 되었지만 박사 학위도 받지 못한 대기만성 타입의 전형이었다. 이 두 사람의 운명적인 만남은 영국 케임브리지에 있는 캐번디시 연구소에서 이뤄졌다.

두 사람에게는 하나의 공통점이 있었다. 그것은 두 사람 모두 유전자가 DNA라고 확신하는 것이었다. DNA란 디옥시리보핵산의 약칭이며, 이미 100년쯤 전인 1869년에 세포핵 중에 많은 산성 물질로서 발견되었다.

왓슨과 크릭의 발견 이전에도 유전자가 DNA라는 것을 시사한 실험 결과가 몇 가지 나와 있었다. 그러나 그것도 나중에 와서 알아차린 것이어서 20세기의 반환점에서는 유전자의 정체가 불명확했다.

44

〈그림 2-4〉 크릭(왼쪽)과 왓슨(오른쪽)

왓슨과 크릭 두 사람은 자기들의 당초 연구 테마는 제쳐놓고 오로지 DNA 얘기에 열중했다. 왓슨은 단백질 연구 때문에 일부러 미국에서 건너온 것도 잊고 완전히 DNA의 포로가 되었다.

두 사람이 매일 하는 일은 생철과 철사로 모형을 만드는 것이었다. 모형이라고 해도 비행기나 자동차 모형이 아니고 DNA 모형을 조립하는 일이었다. 그때 그들의 모형 제작에 중대한 힌트가 생겼다. 그것도 하나가 아니고 2개의 힌트였다.

첫 번째 힌트는 DNA를 구성하고 있는 염기에 관한 것이었다. DNA에는 아데닌, 티민, 구아닌, 시토신이라는 4종류의 염기가 존재한다. 이 4종류의 염기량을 조사해 보면 아데닌과 티민의 양이 반드시 같아진다.

또한 구아닌과 시토신의 양도 똑같다. 이런 사실로부터 왓슨과 크릭은 아데닌과 티민이라는 염기가 언제나 1쌍(페어)이 되어 결합하고 있다고 생각했다. 이것은 동시에 구아닌과 시토신이 쌍이 되어 있다는 것도 의미한다.

두 번째 힌트는 DNA 결정을 X선 회절에 걸어 얻은 상이었

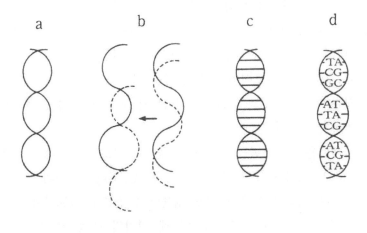

a　　　　b　　　　c　　　　d

〈그림 2-5〉 DNA의 이중나선 모형

다. 이 X선 회절 사진은 뚜렷이 DNA가 2개 마주보고 나선 모양으로 되어 있는 것을 나타냈다.

이런 힌트를 기초로 하여 1953년 2월 28일 두 사람은 이중나선 구조를 가진 DNA 모형을 완성했다.

멘델이 일찍이 유전 인자라고 부르고, 모건이 초파리의 염색체상에서 발견한 유전자는 그 정체가 DNA임이 확정되었다.

DNA는 뉴클레오티드라는 단위가 사슬처럼 연결되어 있다. 여기서 많은 뉴클레오티드가 연결된 긴 사슬이 2개 있다고 생각하기 바란다. DNA는 이 2개의 사슬이 〈그림 2-5〉 a와 같이 나선 모양이 된 것이다.

철사를 단순하게 이중나선 모양으로 감아도 b와 같이 금방 벗겨지거나 풀어진다. 그래서 벗겨지거나 풀어지지 않도록 c와 같이 2개 사슬은 염기끼리의 화학 반응에 의해서 단단히 결합되어 있다.

이 2개의 사슬을 단단히 결합하는 염기는 아데닌, 티민, 구
아닌, 시토신이라는 4종류뿐이다. 이 4종류의 염기 중 아데닌
에 대해서는 반드시 티민이 맞서서 수소 결합을 하고 있다. 동
시에 구아닌과 시토신이 수소 결합을 하고 있다. 이 조합은 결
정적이어서 아데닌과 시토신, 구아닌과 티민의 결합은 절대로
일어나지 않는다.

아데닌을 A, 티민을 T, 구아닌을 G, 시토신을 C라고 하면
〈그림 2-5〉 d와 같이 된다. 이 A, T, G, C라는 4개의 염기는
아메바나 세균과 같은 단세포 생물에서 인류에 이르기까지 모
든 생물에 공통이다. 그리고 이 네 염기의 배열 방식이 유전
정보 그 자체이다. 이른바 A, T, G, C 4문자의 배열법이 유전
정보의 암호가 되고 있다.

모든 생물의 구성 성분인 단백질은 20종류의 아미노산으로 되
어 있다. 이 아미노산을 만드는 지령에 해당하는 것은 DNA 사
슬에 배열된 A, T, G, C의 4문자 중의 3개의 연속 문자이다.

예를 들면 염기가 ATC라는 순서로 배열되면 트레오닌, TTT
면 페닐알라닌, CAG면 글루타민을 만들라는 지령(암호)이다.
따라서 염기 배열이 'ATCTTTCAG'면 트레오닌, 페닐알라닌,
글루타민의 3개 아미노산이 배열하게 된다. 이렇게 차례차례로
아미노산이 배열되어 단백질이 만들어진다.

놀랍게도 유전 정보의 암호는 모든 생물에 공통이었다. 예를
들면 AAG라는 배열 방식은 대장균에서 사람까지 모든 생물에
서 리신이라는 아미노산의 암호다.

생물 진화라는 연속적 드라마가 유전자의 해독에 의해서 밝
혀지는 이유를 이것으로 알게 되었을 것이다.

생물공학의 길

DNA의 발견에서 겨우 십수 년 후에 유전학자들은 유전자를 자유자재로 요리하는 방법을 알아냈다. 그 결과 태어난 것이 생물공학이다.

지구상에 생명이 탄생한 이래 신비로 여기고 좀처럼 변하지 않는다는 생명의 설계도=유전자는 사람 손으로 쉽게 바꿀 수 있는 시대를 맞이했다.

인류가 옛날부터 해온 품종 개량은 생물 설계도인 유전자를 개량하는 기술이다. 유전자의 존재를 알기 전의 인류에게는 품종 개량 기술이라면 시간을 들여 암컷과 수컷을 교배하는 일이었다. 우리 조상에게 새로운 품종은 자연으로부터의 귀중한 선물이었다.

그런데 DNA구조가 해명되어 유전자 재조합이라는 혁명적인 품질 개량 기술이 손에 들어왔다. 예를 들면, 대장균에서 사람 인슐린을 만드는 것이 가능하고 실제로 실용화되었다.

현대 사회에서 갑자기 늘어나고 있는 성인병의 하나가 당뇨병이다. 당뇨병이란 몸 안에서 인슐린이라는 호르몬이 만들어지지 않는 병이다. 우리가 식사 등으로 섭취한 당분은 몸이 근육이나 심장이나 뇌에 없어서는 안 되는 에너지원이 된다. 흔히 피로할 때에 설탕을 먹으면 피로 회복 효과가 있는 것은 부족한 에너지가 보급되기 때문이다.

그러나 식사로 취한 포도당은 단번에 에너지로 소모되지 않는다. 한 달 치 봉급을 하루에 써버리면 안 되는 것과 마찬가지로 당분도 저축되어야 할 필요가 있다. 그래서 여분으로 섭취한 당분은 글리코겐이라는 물질로 간장에 저장된다. 이를테

면 낭비를 하지 않게 에너지를 저축한다. 이 글리코겐이 인간
의 모든 활동 에너지원이 되어 필요에 따라 사용된다.

인슐린의 역할은 혈액 중에 남는 포도당을 글리코겐으로 바
꾸는 일이다. 따라서 인슐린을 만들지 못하는 당뇨병에서는 포
도당을 글리코겐으로 잘 바꿀 수 없다. 즉 남은 당분을 에너지
로 저축하지 못한다. 이 때문에 당뇨병인 경우에는 중요한 에너
지원인 포도당이 오줌과 함께 자꾸 몸 밖으로 배출되어 버린다.

당뇨병 환자가 자기가 만들 수 없는 인슐린을 필요로 하는
것은 이 때문이다. 그때까지 당뇨병 치료약으로서의 인슐린은
사람이 아니고 돼지에서 모은 돼지 인슐린을 사용했다.

그러나 현대병이라고도 할 수 있는 당뇨병의 급격한 증가로
돼지 인슐린 공급이 부족하게 되었다. 더욱이 돼지 인슐린 구
조는 사람 인슐린과 미소하지만 조금 다르기 때문에 부작용으
로서 알레르기를 일으키는 일이 많다는 결점이 있었다.

그래서 등장한 것이 유전자 재조합이라는 생물 기술이었다.

다시 한 번 되풀이하지만 유전자는 생물도 설계도이다. 그
설계도에 따라서 생명 활동에 필요한 여러 가지 물질이 만들어
진다. 인슐린도 예외가 아니다. 사람은 사람 인슐린을 만들기
위한 설계도인 사람 인슐린 생산 유전자를 가지고 있다.

이러한 설계도에 따라서 인슐린을 만드는 것이 세포라는 공
장이다. 공장에서는 설계도대로 인슐린이 만들어진다. 사람 인
슐린은 사람 인슐린 설계도의 의하여 췌장의 랑게르한스섬이라
는 공장에서 만들어진다.

여기서 사람 인슐린을 만드는 설계도를 사람 이외의 생물 세
포라는 공장으로 가져가면 어떻게 될까. 아마 설계도와 재료만

있으면 사람 인슐린이 사람이 아닌 생물의 세포 공장에서도 만들 수 있을 것이라는 아이디어가 유전자 재조합 기술이다.

실제로 사람 인슐린 유전자를 대장균 속에 넣었더니 대장균은 훌륭하게 사람 인슐린을 만들었다. 사람 인슐린을 만드는 설계도는 대장균이라는 공장에서도 충분히 유용하다.

인류는 설계도인 유전자만 있으면 편리한 다른 생물 세포라는 공장에서 무엇이든 만들 수 있는 가능성을 손에 넣었다. 그것은 바로 1982년의 일이다.

이상으로 멘델의 유전 법칙에서 DNA의 발견까지 과학사상에서 가장 매력적인 얘기를 대략 해보았다. 그러나 도킨스의 이기적인 유전자라는 생각을 이해하려면 유전자 외에 또 하나, 동물행동학 분야를 아는 것이 필요하다.

다음 장에서는 꿀벌에서 원숭이에 이르는 폭넓은 동물들의 행동이 어디까지 유전자로 조종되는지를 살펴본다. 또 그 행동들은 과연 다윈의 이론으로 잘 설명되는지 알아본다.

3장
수수께끼에 찬 동물 행동

1. 꿀벌의 자기희생

꿀벌의 이상 사회

생물 중에서 무리를 중심으로 사회를 조직하고 있는 것은 원숭이나 얼룩말 같은 동물만이 아니다. 개미나 꿀벌 같은 곤충 세계에서도 놀랄 만큼 복잡한 사회 조직이 발달되어 있다.

개미 사회에는 여왕개미, 일개미와 같이 몇 가지 특수한 계급이 존재한다. 그리고 개미는 '버섯 농장의 재배'나 '진딧물의 젖까지'와 같은 고도로 조직화된 사회 행동을 취할 수 있다. 또 개미는 자기들의 집단에 침입한 다른 개미에 대해서 격렬하게 공격한다. 이러한 복잡한 사회 조직을 가진 개미를 사회성 곤충이라고 부른다.

개미와 마찬가지로 꿀벌도 사회성 곤충이다. 보통 크기의 꿀벌 사회에는 대강 6만 마리의 벌이 살고 있는데, 한 마리의 여왕벌과 100마리의 수벌을 제외하면 나머지는 모두 일벌이다.

일벌은 오로지 일만 하고 생식에는 일체 관계없는 일생을 보낸다. 더욱이 일벌의 수명이 대강 4~5주인데 반면 여왕벌은 무려 4~5년도 산다.

그러나 여왕벌도, 수벌도, 일벌도 각 개체만으로는 살아갈 수 없다. 꿀벌도 콜로니라고 부르는 취락을 형성함으로써 비로소 자손을 늘릴 수 있다. 생물학적으로는 이 취락을 초개체라고 한다.

꿀벌의 방이 육각형인 것은 예부터 생물학자의 경탄을 불러일으켰다. 먼저 육각형 방은 이웃끼리 꽉 조합되어 구조가 아주 강화된다. 또한 삼각형이나 사각형 집보다 많은 꿀을 저장

할 수 있다.

다윈은 이런 꿀벌 집을 보고

"본능으로서 가장 훌륭한 것이며, 노동면에서 보아도 사용하는 밀
랍의 경제성이라는 점에서 절대적으로 완전한 것"

이라고 칭찬했다. 이 꿀벌의 뛰어난 건축 기술은 아직도 우리
로서는 충분히 설명할 수 없는 완벽한 것이다.

건축술 정도로 놀라기엔 아직 이르다. 꿀벌의 능력에서 더욱
더 훌륭한 것이 있다.

한여름이 되어 꿀벌 집이 더워지면 일벌은 방을 냉방한다.
아직 그다지 덥지 않을 때에는 자기 날개를 움직여서 집 안으
로 바람을 보내 열을 식힌다.

그런 중에 더 더워져서 바람을 보내는 것만으로 부족하면 일
벌은 물을 가지고 온다. 그리고 혀 위에 물을 한 방울씩 펼쳐서
그 물을 증발시키기 시작한다. 수분이 증발하면 주위의 열을 빼
앗기 때문에 집이 냉방된다. 이 수냉식 쿨러에 의해서 50도 이
상의 심한 더위 때에도 꿀벌 집 속은 언제나 35도 전후로 조절
된다.

꿀벌은 색을 볼 수 있는가

꿀벌은 꿀이나 꽃가루를 찾아 꽃에서 꽃으로 날아다니는데,
꽃의 색을 식별하면서 행동하고 있을까? 이것을 조사하기 위하
여 꿀벌 연구로 유명한 독일의 생물한자 카를 폰 프리슈는 일
련의 실험을 실시했다.

처음에 꿀을 사용한 학습에 의하여 꿀벌을 어떤 정해진 장소

로 날아오게 한다. 그 장소에는 같은 크기의 푸른 종이와 붉은
종이를 놓는다. 푸른 종이에는 꿀을 몇 방울 떨어뜨려 놓지만
붉은 종이에는 아무것도 하지 않는다. 그리고 꿀벌들을 집과
종이 사이를 몇 번인가 왕복시킨 뒤에 꿀이 묻은 푸른 종이를
없애고 아무것도 묻지 않은 새로운 푸른 종이를 놓아 보았다.

얼마 후, 집으로부터 날아온 꿀벌들은 붉은 종이에는 전혀
흥미를 나타내지 않고 푸른 종이에만 관심을 가지고 꿀이 없는
데도 푸른 종이로 모여들었다. 이것은 꿀벌들이 푸른 종이에
꿀이 묻었던 것을 기억하고 있다는 것을 의미하며, 또한 꿀벌
이 푸른색과 붉은색을 구별한 것이 된다.

그러나 이 실험만으로는 꿀벌이 정말로 색을 식별할 수 있었
다는 증명이 되지 않는다. 어쩌면 꿀벌은 푸른색과 붉은색을
구별하는 것이 아니고 단지 밝은 차이를 보는지도 모른다. 다
시 말해 꿀벌은 흑백 사진 속의 밝기의 차로서 색을 구별할 수
있는지도 모른다.

그래서 꿀벌이 색을 식별할 수 있는지를 조사하기 위하여 프
리슈는 또 다른 실험을 했다. 먼저 조금씩 밝기가 다른 회색
종이를 될 수 있는 대로 많이 늘어놓았다. 그리고 그 회색 종
이 사이의 적당한 곳에 설탕물이 담긴 유리접시를 얹은 푸른
종이를 놓았다. 이렇게 하여 꿀벌에게 푸른색을 기억시켰다.

이때에 일정한 위치를 기억하는 것을 방해하기 위하여 설탕
물을 놓은 푸른 종이의 위치는 꿀벌이 집에서 날아올 때마다
반드시 바꿨다.

이렇게 하고 나서 드디어 마지막 실험에 착수했다. 먼저 푸
른색과 회색의 모든 종이를 새 것으로 바꿨다. 그리고 푸른 종

이 위에는 아무것도 놓지 않았다. 그렇게 하고 나서 꿀벌 행동을 관찰하니 꿀벌은 확실하게 푸른 종이를 향하여 날아 왔다.

그리고 꿀벌이 냄새로 구별하지 않았다는 것은 모든 종이를 유리판으로 덮어도 푸른 종이를 보고 날아온 것으로 증명되었다.

이런 결과는 꿀벌이 푸른색을 여러 가지 밝기의 회색 종이와 구별한 것이 되어 꿀벌은 푸른색을 볼 수 있음을 의미했다.

마찬가지 실험을 황색 종이로 실험했더니 꿀벌은 황색 종이도 식별했다. 그런데 붉은 종이 실험에서는 붉은 종이만 아니고 검은 종이에도 날아왔다. 꿀벌에게는 붉은 색과 검은 색이 같게 보인다. 꿀벌 눈에는 붉은 꽃도 검게 보이는 것이 틀림없다.

춤을 추는 꿀벌

일벌들은 차례차례 집에서 날아올라 꿀이나 꽃가루를 찾아 나선다. 이윽고 꿀이나 꽃가루를 발견한 꿀벌은 자기 집에 돌아오면 수직한 집면에서 춤을 추기 시작한다. 실은 이 춤은 무리의 꿀벌에게 밀원(蜜源)이 있는 장소를 전하는 행동이며 수확댄스라고 부른다.

놀랍게도 꿀벌은 이 수확 댄스로 꿀이나 꽃가루가 있는 거리와 방향을 무리에게 가리킨다. 집에 있는 꿀벌들은 이 밀원을 찾아낸 꿀벌이 추는 댄스의 움직임으로 먹이가 있는 거리와 방향을 알게 된다.

하등한 곤충이 과연 그런 복잡한 정보를 전달할 수 있느냐고 생각할지도 모르겠지만, 꿀벌이 댄스에 의해서 꿀이 있는 곳을 무리에 알리는 것은 사실이다. 프리슈는 이 꿀벌의 댄스를 '꿀벌의 언어'라고 표현했다.

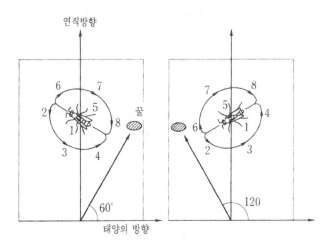

〈그림 3-1〉 너무도 유명한 꿀벌의 댄스

꿀벌이 꿀이나 꽃가루가 있는 곳에서 집에 되돌아왔을 때 추는 댄스에는 여러 가지 타입이 있다. 꿀이 있는 장소가 집에서 대강 90미터 이내면 시계 바늘 방향이거나 그와 반대방향으로 원을 그리면서 춤춘다.

꿀이 90미터 이내의 비교적 가까운 곳에 있을 때는 다른 무리들은 꿀벌의 몸에 묻은 꿀의 향기나 꽃에 남은 무리의 채취와 같은 정보로부터도 꿀을 알아낼 수 있다. 그 때문에 가까운 경우에는 거리를 알리는 단순한 원형 댄스만으로 충분히 전달되며, 꿀벌 무리는 그것을 보고 목적하는 꿀로 갈 수 있다.

그런데 꿀에서 집까지 90미터 이상 떨어져 있을 때에는 꿀벌은 거리와 방향 두 가지를 무리에게 알릴 필요가 있다. 이때에 꿀벌은 '8'자를 그리는 댄스를 추어 꿀까지의 거리와 방향을 알린다.

그때 꿀까지의 거리는 댄스의 속도로 나타낸다. 집에서 먹이까지의 거리가 멀수록 일정 시간 내의 댄스 횟수가 적어지며, 가까울 때에는 반대로 댄스 횟수가 많아진다. 실제로 실험해 보았더니 꿀을 집에서 120미터 떨진 곳에 놓아두면 꿀벌은 15초 동안에 11회의 8자를 그렸고, 1,600미터 이상 떨어진 장소에 놓았을 때에는 15초 동안에 겨우 4회만 8자를 그렸다.

꿀이 있는 방향은 태양 위치와의 관계로 나타낸다. 8자의 중앙 직선 부분 〈그림 3-1〉의 1과 5 부분이 바로 위를 향하면 꿀은 태양 방향에 있는 것을 의미한다. 또 그것이 아래로 향하고 있으면 꿀은 태양과 반대 방향에 있는 것을 나타낸다. 태양의 오른쪽에 있는지 왼쪽에 있는지는 댄스의 8자 중앙 부분을 오른쪽, 왼쪽으로 기울게 하는 것으로 나타낸다.

또 농도가 다른 설탕물을 여러 곳에 놓아 본 실험에서는 설탕이 진한 곳에서 돌아온 꿀벌 쪽이 옅은 설탕물에서 돌아온 쪽보다도 격렬한 댄스를 추는 것을 알았다.

이 수확 댄스를 보고 꿀이나 꽃가루가 있는 장소를 찾아간 꿀벌들이 이번에는 자기 자신도 집에 돌아오자 처음의 꿀벌과 똑같은 댄스를 추었다.

이 꿀벌의 댄스는 같은 종류의 꿀벌이면 서로 이해할 수 있다. 예를 들면 유럽의 꿀벌을 미국으로 데리고 와서 떨어진 곳에 설탕물을 놓아본다. 설탕물이 있는 장소에서 돌아온 유럽의 꿀벌은 당연한 일이지만 댄스를 춘다. 이것을 본 미국 꿀벌은 제대로 설탕물이 있는 곳으로 날아갈 수 있다. 인간처럼 세계에 여러 가지 언어가 있는 것이 아니고 꿀벌의 댄스는 꿀벌 세계에서 만국 공통이다.

여왕벌의 결혼 비행

그런데 초여름을 맞이하면 일벌이 충분히 증식하여 꿀벌 집은 꿀이나 꽃가루, 그리고 유충이나 알로 가득 찬다. 이런 상태가 되면 일벌은 왕대(王臺)를 만든다. 이 왕대에 여왕벌이 미수정란을 낳는다.

미수정란이 수정하지 않고 그대로 자라면 수벌이 되는데, 왕대의 알에는 일벌들이 왕유(王乳)라고 부르는 로열젤리가 주어진다. 이 로열젤리가 주어지면 새로운 여왕벌이 자란다. 또한 왕대는 하나가 아니고 몇 개가 만들어진다.

꿀벌 집이 이런 상태가 되면 무리가 나눠지는 '분봉(分封)'이 일어난다. 집에 있는 몇 천, 몇 만 마리의 일벌 가운데 3분의 1 정도가 그때까지의 여왕벌과 함께 집에서 나간다.

분봉이 일어나서 여왕벌이 없어진 집에서는 처음에 왕대로부터 부화한 여왕벌이 다른 왕대를 파괴한다. 여왕벌은 한 마리면 되고 나머지 왕대는 필요 없기 때문이다.

이리하여 탄생한 새로운 여왕벌은 이윽고 그 유명한 '결혼 비행'을 위해 집 밖으로 날아간다. 공중 높이 날아오른 여왕벌은 십 수 마리에서 100마리에 이르는 다른 무리의 수벌 중에서 최후까지 따라나선 수컷과 교미한다. 교미가 끝난 여왕벌은 원래의 집에 돌아와서 산란을 시작한다.

결혼 비행에서 수컷은 여왕벌의 턱샘에서 분비되는 냄새에 유도되어 쫓아 나선다. 실제로 이 샘의 냄새가 스민 솜을 풍선을 매달아 날리면 수벌이 다수 모여든다.

한편 먼저 여왕벌을 옹립하고 집에서 나온 분봉군은 원래의 집근처에서 포도와 같은 덩어리가 되어 매달린다. 이윽고 일벌

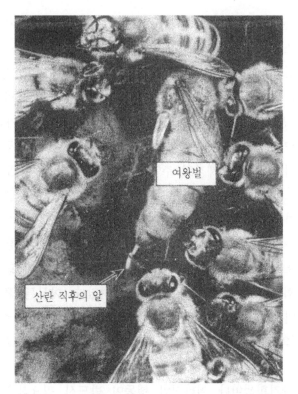

〈그림 3-2〉여왕벌의 산란. 사진 중앙의 여왕벌을 둘러
싸고 일벌이 정성들여 서비스를 한다. 여
왕벌은 하루에 1,500여 개나 되는 알을
원형으로 낳는다

이 새로운 집을 만들 장소를 찾기 위하여 사방으로 날아오른다.
　새로운 집을 만들 장소를 찾아 날아오른 일벌은 무리에 돌
아오자 연거푸 몸통과 날개를 흔들며 댄스를 춘다. 이 댄스는
앞에서 얘기한 꿀벌이 있는 곳을 알리는 수확 댄스와 마찬가
지로 자기가 찾아낸 새로운 집 후보지를 무리에 알리기 위한
행동이다.

새로운 집 후보지를 발견한 꿀벌들은 처음에는 각자 제멋대로 댄스를 춘다. 그러나 그중에서도 활발하게 댄스를 추던 꿀벌이 점차 패거리의 지지를 얻게 된다. 한층 활발한 댄스로 그 꿀벌이 나타낸 장소로 가본 다른 꿀벌들은 그 장소의 가치를 인정하면 다른 패거리에게도 같은 댄스로 그 장소를 가리킨다.

이렇게 하여 처음에는 각 꿀벌마다 자기가 찾아낸 집 후보지를 알리는 댄스를 제각기 추어도 이윽고 마지막에는 모든 꿀벌의 댄스가 하나로 통일된다. 그리고 댄스가 통일되면 분봉한 무리는 여왕벌을 중심으로 한 떼가 되어 새로운 집으로 이동한다.

꿀벌에 관한 이러한 많은 연구가 진척된 결과, 다른 곤충보다는 조금쯤 영리하다고 여겨지던 꿀벌이 실은 놀랄 만큼 고도의 사회를 숙성하고 있다는 것이 알려졌다. 아무튼 꿀벌의 댄스는 인간의 언어와 같을 정도로 정확한 정보를 알릴 수 있다.

꿀벌의 모든 개체가 자기 자신의 자손을 남기지 않는 것은 주목할 가치가 있다. 고도한 사회를 유지해 가기 위해서는 이러한 자기희생이나 이타적인 행동이 반드시 필요하게 되겠지만, 이러한 행동은 다윈 진화론으로는 절대로 설명할 수 없다. 도킨스는 이러한 개체에게는 어떻게 보아도 살아남는 데 유리하다고는 생각할 수 없는 행동을 이기적 유전자의 살아남기 전략으로 설명한다.

그러나 다윈 진화론으로는 설명할 수 없는 행동은 무릇 꿀벌에서만 볼 수 있는 것은 아니다. 다른 동물들의 수수께끼에 찬 행동을 좀 더 소개한다.

2. 본능에서 동물 행동학으로

원 패턴(One Pattern)의 행동

모든 동물은 자기를 둘러싸는 환경 변화에 대하여 여러 가지 반응을 한다. 이 반응을 행동이라고 부른다.

버드나무 가지가 바람에 날려 흔들리는 것은 자기 스스로 움직이는 것이 아니므로 행동이라고 부르지 않는다. 또 나팔꽃 덩굴이 감기는 것도 단순한 성장 운동이며, 원래대로 되돌아가지 않는 비가역적인 운동이므로 역시 행동이 아니다.

반면 동물의 행동은 능동적이며 또한 가역적이다. 이러한 동물의 행동은 신경계에 의해서 뒷받침되고 있다. 따라서 신경계가 진화한 동물일수록 보다 고차원적인 행동을 할 수 있게 된다.

가장 단순한 행동은 어떤 자극에 대하여 일정한 반응을 일으키는 것으로 '주성(走性)'이라고 부른다. 예를 들면 '날아서 불에 뛰어드는 여름 벌레'라고 하는데, 이것은 빛에 대한 벌레의 주성을 나타낸 말이다.

사람이나 원숭이, 그 밖에 진화가 진척된 동물의 행동은 경험이나 학습에 의하여 여러 가지로 변경될 수 있다. 이른바 가역적인 획득된 행동이다. 그와 비교하면 주성은 정형화(定形化)된 원 패턴(one pattern)의 행동이며, 생물이 유전적으로 가지고 있는 행동이다.

주성에는 어떤 자극으로 향해가는 양의 주성과 반대로 자극으로부터 멀어지는 음의 주성이 있다. 또, 자극의 종류에 따라서도 '주광성', '주화성', '주지성', '주수성', '주열성', '주류성', '주기성' 등으로 분류된다. 여기서 주화성(走化性)이란 화학 물질

의 농도 차에 대한 반응을 말하며*, 또 주기성(走氣性)은 산소
에 대한 주성을 말한다.**

세균이나 아메바는 영양분을 향해서 다가가며 독물로부터는
멀어진다. 이런 운동도 주성의 일종이다.

본능의 수수께끼에 과학의 빛을

모든 동물에게는 태어날 때부터 가지고 있는 행동 양식이 있
다. 예전에는 이런 행동을 본능이라고 부르고, 그것은 (1) 특별
히 학습하지 않아도 태어나면서부터 할 수 있는 행동 (2) 어떤
종에게만 갖추어진 특유한 행동 (3) 적응적인 행동이라는 세 조
건을 만족하는 것으로 간주되었다.

그런데 이러한 본능의 정의가 너무도 애매했기 때문에 사람
을 포함한 모든 동물의 행동을 단순히 본능이라는 말로 설명해
버렸다. 예를 들면, 사자가 다른 동물과 싸우는 것이나 인간 사
회에 전쟁이 있는 것이 투쟁 본능이라는 말로 설명되어 버린다.

그러나 고양이가 쥐를 잡는 일조차 본능이라는 말로는 충분
히 설명할 수 없다. 고양이가 쥐를 잡는 것은 본능일 텐데 반
려동물로 기르는 최근의 고양이는 쥐를 잡지 않게 되었다.

분명히 고양이가 쥐를 잡는 것은 본능이겠지만, 새끼고양이
는 어미고양이가 쥐를 잡는 것을 보고 학습하지 않으면 쥐를
잡을 수 없다. 애완동물 가게에서 팔고 있는 새끼고양이는 어
미고양이가 쥐를 잡는 모습을 본 일이 있을 수 없다.

동물의 행동을 본능이라는 애매한 정의로 다루려면 동물의

---

* 예를 들면 세균은 육즙(肉汁)에 대하여 양의 주화성을 나타낸다.
** 예를 들면 유글레나는 산소가 있는 쪽으로 움직인다.

다양한 행동을 자연과학의 대상으로 할 수 없다. 그래서 등장한 것이 동물 행동학이다.

동물 행동학에서는 부모와 자식 사이에서 볼 수 있는 행동, 무리나 집단에 있어서의 행동, 암컷과 수컷 사이의 성행동, 개체간의 투쟁 등을 대상으로 연구가 진행된다.

동물 행동학자는 이른바 본능적인 행동을 조사하기 위하여 두 가지 중요한 점을 주목했다.

먼저 첫째로, 본능적인 행동은 동물의 특수한 내적 환경(체내의 환경조건)에 의해서 변화한다는 점이다.

예를 들면 동물의 생식 행위는 체내의 성호르몬에 의하여 조절되고 있다. 만일 성호르몬이 없으면 동물은 아무리 강력한 성적 자극에 대해서도 반응하지 않는다. 반대로 성호르몬의 농도가 높으면 아주 미소한 성적 자극을 주기만 해도 강한 반응을 일으킨다.

둘째로 이런 자극은 본능적인 행동을 불러일으키는 방아쇠가 되지만 행동의 모든 기간에 필요한 것은 아니다.

동물 행동학 연구에 의하여 '본능적 행동'이라고 부르는 행동을 일으키는 자극에는 매우 높은 특이성이 있음이 증명되었다.

가시고기의 신호는 붉은 배

가시고기라는 물고기가 있다. 가시고기의 수컷은 겨울 동안은 보호색을 하고 있어서 수컷도 암컷도 함께 회유하고 있다. 이윽고 봄이 되어 하루가 길어지면 생식 호르몬의 분비가 활발해진다.

이 생식 호르몬 증가가 방아쇠가 되어 가시고기의 수컷은 얕

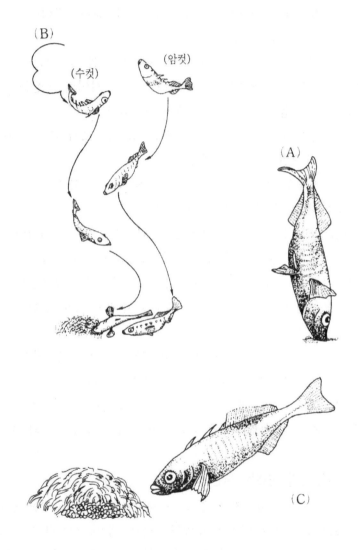

〈그림 3-3〉 가시고기 수컷의 행동 패턴. (A)는 머리를 내리는 위협자세,
(B)는 암컷을 둥지에 유인하는 지그재그 댄스, (C)는 알에
물 보내기 운동

〈그림 3-4〉 니콜라스 틴버겐. 옥스퍼드 대학 동물학 교수로 활동할
무렵. 1973년, 카를 폰 프리슈, 콜라드 로렌츠와 함께
노벨 의학 생리학상을 받았다. 형 이안 틴버겐도 노벨
경제학상을 받았다

은 민물 산란장으로 이동한다.

여기서 수은 변화나 둥지가 되는 녹색 조류(藻類)가 있는 것
이 새로운 자극이 되어 수컷 배가 붉어진다. 이 붉은 배가 생
식기간 동안 가시고기 수컷의 여러 가지 행동을 결정하는 신호
가 된다. 처음에 가시고기 수컷은 세력권을 선정한다.

이 시기까지의 수컷은 세력권을 지키기 위하여 수컷뿐 아니
라 세력권에 침입해 온 암컷에 대해서도 공격적인 행동을 취한
다. 이 수컷의 방어 자세 가운데 위협 자세가 있다. 이것은 적
에 대하여 수직이 되는 자세다(〈그림 3-3〉 참조).

얼마 후 가시고기 수컷은 자기 세력권 안에 둥지를 만든다.
이 무렵에 되면 수컷의 배는 완전히 빨갛게 되어 빨간 배와 푸

66

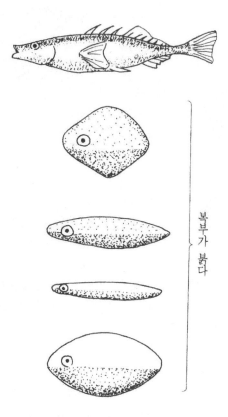

〈그림 3-5〉 밑에서부터 4개의 모형은 가시고기를 그다
지 닮지 않았지만 배는 붉다. 가장 위는 모
양은 가시고기를 닮았으나 배는 붉지 않다.
가시고기는 아래 4개에 공격을 시작했다

른 등이 암컷의 가시고기를 유인하는 신호자극이 된다. 수컷도
알로 크게 부푼 암컷의 배에 자극받아 암컷 앞에서 지그재그
댄스를 춘다. 이 수컷의 지그재그 댄스는 암컷에 대한 구애 행
동이다.

암컷이 구애를 받아들이는 신호로 머리를 드는 행동을 취하면 수컷은 암컷을 자기 둥지로 유인하여 방정(放精)한다. 산란이 끝나면 알이 부화할 때까지 약 1주일간 수컷은 지느러미를 규칙적으로 움직여 신선한 물을 알로 보낸다. 알이 있는 둥지를 그대로 두면 알이 부화되지 않는 데서 이 '물 보내기 운동'이 알에 산소를 보내기 위한 행동임을 알게 된다.

가시고기 수컷의 일은 이것으로 끝나지 않는다. 알에서 새끼가 부화하면 수컷은 원래의 보호색으로 되돌아가서 이번에는 새끼들을 지킨다. 새끼가 멀리 가서 미아가 되면 가시고기 수컷은 미아를 입 속에 넣어서 둥지까지 데리고 온다.

영국의 동물 행동학자로 노벨상 수상자이기도 한 니콜라스 틴버겐은 가시고기 수컷의 투쟁에 관해 연구하며 재미있는 일을 발견했다.

틴버겐은 가시고기 수컷의 세력권 방위를 조사하기 위하여 여러 가지 모형을 만들어 세력권을 경계 중인 가시고기 수컷 가까이에 놓았다. 그 결과 가시고기는 배를 빨갛게 칠한 모형에 대하여 투쟁반응을 일으켰다.

〈그림 3-5〉에 보인 것과 같이 배가 붉은 모형이면 모양은 별로 닮지 않아도 된다. 가시고기 모양을 꼭 닮은 모형이라도 배 부분이 빨갛지 않으면 가시고기 수컷은 싸우지 않는다. 이런 사실에서 가시고기 수컷의 투쟁 반응에 대한 촉발 자극은 상대의 모습이나 모양이 아니고 붉은 배가 된다.

틴버겐과 재갈매기

틴버겐은 가시고기뿐만 아니라 여러 가지 새에 대한 실험을

68

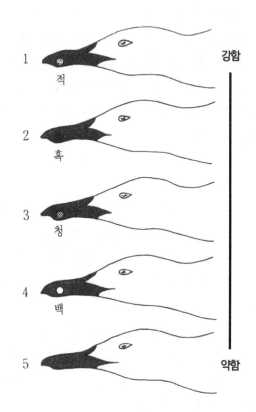

강함

악함

1 적
2 흑
3 청
4 백
5

〈그림 3-6〉 부리의 점으로 차이를 만든 재갈매기 모
형. 새끼는 1에서 5의 순으로 먹이 조르
기 반응을 강하게 나타냈다

실시했다. 재갈매기 새끼에게 갈매기 머리 모형을 보이면 새끼
는 먹이를 달라고 조른다. 이 먹이 조르기 반응은 모형의 부리
에 칠한 점의 색에 따라 다르다.

제갈매기 새끼의 먹이 조르기 반응은 〈그림 3-6〉과 같이 부
리의 점이 적색일 때가 가장 강하다. 검은 점이라도 먹이 조르

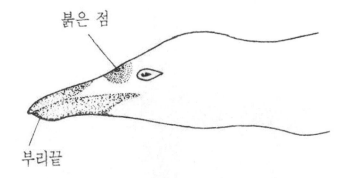

붉은 점

부리끝

〈그림 3-7〉 재갈매기의 먹이 조르기는 붉은 점과 동시에 부리 끝에도 주의
　　　　가 향해진다. 이 실험에서는 붉은 점을 부리 끝에도 훨씬 떨어
　　　　져 만들어 놓았다.

기 반응을 볼 수 있는데 백색 점에서는 거의 반응이 일어나지
않는다.

또, 재갈매기 새끼의 먹이 조르기 방향에 대하여 부리 모형
을 사용하여 조사해 보면 새끼의 먹이 조르기는 부리에 있는
적색 점과 부리 선단 두 곳을 향해서 이루어진다(그림 3-7).

이런 실험에서 어미갈매기 부리에 있는 적색 점이 갓 태어난
새끼가 살아가기 위하여 가장 중요한 신호임을 알게 된다. 이
적색점이 먹이를 얻기 위한 '찌르기'를 일으키는 자극이며 찌르
기에 의하여 재갈매기의 어미는 급이(給餌)반응을 일으킨다.

또 재갈매기 암컷에도 흥미로운 반응이 있다. 알을 품고 있는
재갈매기 암컷의 둥지 속에 보통 알보다도 몇 배나 큰 의란(擬
卵)이라고 부르는 나무로 만든 인공 알을 놓아 본다. 그렇게 하
면 재갈매기 암컷은 자기가 낳은 알보다도 큰 의란을 품으려고

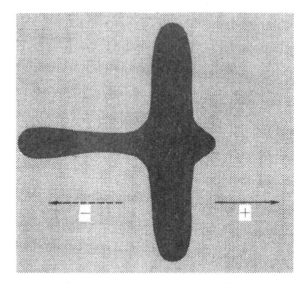

〈그림 3-8〉 새끼는 이 모형을 오른쪽으로 움직이면(맹금으
로 보인다) 달아났는데, 왼쪽으로 움직이면(기러
기로 보인다) 달아나지 않았다

열중한다.

틴버겐은 그 밖에도 여러 가지 의란을 만들어 알을 품는 재
갈매기 둥지 속에 넣는 실험을 했다. 그랬더니 재갈매기 암컷
은 반점이 없는 알보다도 반점이 있는 알을, 또 작은 알보다도
큰 알을 품으려고 했다.

이러한 여러 가지 시각 자극을 준 결과 알의 모양과 크기가
대단히 중요하다는 것을 알게 되었다.

오리나 거위 새끼는 매나 독수리와 같은 맹금류의 모습을 보
면 금방 달아나려고 한다. 틴버겐은 이 오리나 거위 새끼의 도
피 반응에 대해서도 〈그림 3-8〉과 같은 모형을 사용하여 조사
했다.

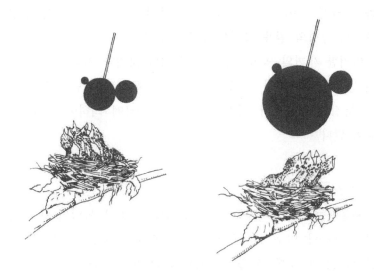

〈그림 3-9〉 지빠귀 새끼의 어미 새 식별 능력 테스트

그림의 모형을 오른쪽으로 움직이면 짧은 목이 앞으로 되어 맹금류의 목과 같은 모양이 되므로 새끼의 도피 반응이 야기된 다. 그런데 왼쪽으로 움직이면 긴 목이 앞이 되어 마치 두루미 나 기러기 목 모양이 되므로 새끼는 아무 반응을 일으키지 않 는다.

틴버겐은 지빠귀 새끼의 시각적인 식별 능력을 조사하는 실험 도 실시했다. 〈그림 3-9〉와 같은 모형을 지빠귀 새끼에게 보이 면 새끼는 어미와는 전혀 다른 모양의 모형에까지 입을 벌린다.

다만 그 때에는 모형으로는 원형인 어미 머리와 몸과의 적당 한 크기의 비가 의미를 가지는 것 같다. 〈그림 3-9〉의 왼쪽 그 림에서는 몸에 대해서 적당한 크기이므로 머리라고 느끼는 작 은 원을 향해 새끼는 입을 벌린다. 한편, 오른쪽 그림과 같이 몸을 크게 보이게 하면 왼쪽 그림에서는 전혀 무시하던 같은 크기의 중형의 원을 향해서 입을 벌린다.

이러한 새끼의 먹이 조르기 반응이나 오리나 거위 새끼의 도피 반응으로부터 알 수 있는 것처럼 동물이 타고 난 행동은 어떤 특정한 모양이나 색과 같은 신호 자극에 의하여 촉발되는 일이 많다.

새가 된 로렌츠

동물행동학의 창시자라고 할 수 있는 사람은 독일의 막스 플랑크 행동학 연구소의 콘라드 로렌츠이다. 로렌츠는 그 공적으로 틴버겐과 함께 1979년의 노벨 의학 생리학상을 수상했다.

많은 동물행동학의 기초가 되는 연구를 한 로렌츠가 그때까지의 연구자와 다른 점은 단지 하나다. 로렌츠는 결코 인간의 입장에서 동물의 행동을 보지 않았다는 것이다.

오리나 거위 새끼는 자기 어미를 올바르게 식별한다. 일본의 궁성 앞 도로를 횡단하여 유명해진 흰뺨검둥오리 어미와 새끼의 이동에서는 새끼들은 어미 뒤에서 일렬로 이동한다. 이것은 새끼가 어미를 인식하고 있는 증거이다.

그렇다고 해서 갓 태어난 새끼가 처음부터 어미새를 인식하는 것은 결코 아니다. 로렌츠는 새끼가 어떻게 해서 어미를 인식하는지를 과학적으로 해명했다.

그것이 로렌츠가 발견한 '각인(imprinting)'이다. 각인을 임프린팅이라고 부르며, 새가 부화한 직후에 인정되는 현상이다. 닭 새끼인 병아리는 반드시 자기 어미인 닭의 뒤를 쫓아다닌다. 이런 병아리의 행동은 추종(追從) 반응이라고 하며, 바로 동물의

〈그림 3-10〉 이른 아침, 어미새의 뒤를 따라 내해자(內垓字) 거리를 건너가는 궁성 앞의 흰뺨검둥오리

본능적 행동의 견본과 같이 생각되었다.

그런데 로렌츠는 몇 가지 실험으로 이러한 병아리의 타고난 행동이 일정한 법칙에 지배된다는 것을 밝혔다. 실은 병아리는 단지 알에서 깨어났을 때에 제일 처음에 보거나 들은 물체, 더욱이 리드미컬한 소리를 내고 움직이는 물체 뒤를 쫓아가는 행동을 취한다.

만일 병아리가 알에서 부화했을 때에 소리를 내고 움직이는 장난감 자동차가 옆에 있어서 병아리가 태어나자마자 그 자동차를 보았다고 하면 그 병아리는 자랄 때까지 어미 닭이 아닌 장난감 자동차에 대하여 추종 반응을 일으킨다.

이런 새의 행동을 발견한 로렌츠는 갓 태어난 흰기러기 새끼

〈그림 3-11〉 콘라드 로렌츠

에게 로렌츠 자신을 어미라고 생각하게 하여 흰기러기 새끼들의 어미 구실을 하기도 했다. 로렌츠를 뒤따라 다니고 물속에서도 로렌츠 뒤에서 일렬로 헤엄치는 기러기 새끼들이 미소를 자아내는 사진이 있다. 유명하므로 본 사람도 있을 것이다.

이렇게 태어난 병아리는 태어나서 처음 본 물체, 동물 또는 인간에 대하여 추종 반응을 나타내는데, 이 현상은 태어나서 며칠이 지나면 일어나지 않게 된다.

로렌츠의 실험에 의하면, 부화하고 나서 3일간 병아리 눈에 두건을 씌운 뒤에 벗기면 병아리는 처음에 움직이는 것에 추종 반응을 일으키고 각인이 가능했다. 그러나 4일간 두건을 씌운 병아리는 임프린팅이 성립하지 않고 추종 행동을 취하지 않았다.

로렌츠는 그의 명저 『공격』에서 여러 가지 동물의 흥미 있는 행동에 관해 기술했다. 또 틴버겐도 『동물의 언어』라는 저서가 있다. 동물 행동학에 흥미가 있으면 읽기를 권한다.

여기서 얘기한 동물의 행동은 주로 개체로서의 행동이다. 개체로서의 본능적 행동조차도 종래에 본능이라는 개념을 초월한 복잡한 것임이 알려졌다.

그런데 동물들이 개체로서가 아니고 집단으로 행동할 때에는 더 재미있는 불가사의한 행동을 보인다.

계속하여 동물들이 무리 안에서 행하는 집단행동을 알아보자.

3. 인간만이 문화적인가?

생물은 왜 무리를 짓는가?

일찍이 아리스토텔레스는 "인간은 사회적 동물이다"라고 말했고, 파스칼은 "인간은 생각하는 갈대이다"라고 했다. 데카르트도 "나는 생각한다, 그러므로 나는 존재한다."라는 명언을 남겼다.

이러한 철학자의 말에서도 알 수 있는 것처럼 인간에게는 문화가 있고, 사회가 있음으로써 인간이라는 것이 세계의 상식이었다. 인류학 교과서에는 "동물과 인간을 구별하는 것은 문화다"라고 조차 쓰여 있을 정도다.

그런데 최근의 많은 연구로 동물 무리에도 고도한 사회가 있고, 동물의 행동에는 문화적 의미가 있다는 것이 상식이 되어가고 있다. 지금은 문화나 사회라는 개념이 인간의 독점물이 아니게 되었다.

동물은 어떻게 집단으로 생활하는가. 먼저 단독으로 생활하고 있는 동물에 대하여 알아보자. 예를 들면 호랑이나 표범은 번식 때 수컷과 암컷이 쌍이 되는 이외에는 거의 단독으로 살아간다.

동물의 행동권은 일반적으로 '세력권'이라고 부른다. 호랑이의 세력권은 대단히 배타적이어서 자손을 늘리기 위한 암컷 이외는 들어오지 못하게 한다. 호랑이에게는 다른 개체가 있으면 먹이를 찾는 데에 방해가 된다. 그 때문에 호랑이는 넓은 세력권 안에서 혼자 사냥을 한다.

유럽오소리는 집단생활을 하고 있는데, 무리를 구성하는 유럽오소리의 수는 그 행동권에 있는 먹이, 즉 지렁이의 양에 따라 결정된다. 그 때문에 유럽오소리 무리는 때로는 2마리, 많을 때에는 12마리로 개체 수는 제각각이고 행동권도 크고 작아 여러 가지다.

유럽오소리의 예에서 알 수 있듯이 동물의 세력권이나 행동권은 먹이의 양이나 상태로 결정되는 것 같다. 호랑이가 단독생활자인 이유도 먹이가 되는 대상이 그다지 풍부하지 않기 때문인 것 같다.

이렇게 세력권이나 행동권이 먹이에 의해 결정된다고 해도 무리를 만들고 있는 많은 동물은 함께 행동하며 식량을 공유한 일도 있고, 대로는 독립하여 먹이를 찾는 일도 있다. 동물들이 집단으로 살아가는 이유는 여러 가지 측면에서 살펴보아야 한다.

〈그림 3-12〉 호랑이는 배타적이어서 거의 단독으로 생활한다

무리에 의한 집단 방어

무리를 짓는 이유로 먼저 생각할 수 있는 것은 무리를 지으면 방위하기 쉽다는 것이다. 무리에는 많은 개체가 있으므로 다가오는 적을 발견하기 쉽다. 그 때문에 적은 무리에 알려지지 않고 다가가는 것이 어려워진다.

이렇게 단독보다도 집단으로 있는 쪽이 주위에 마음을 쓰지 않아도 될 것이다. 사실 기러기는 무리 속에서 먹이를 먹을 때 혼자서 먹이를 먹을 때보다도 머리를 드는 횟수가 적다. 열심히 먹이를 먹고 있을 때에 위험이 닥치면 한패가 경고해 주므로 안심이 된다.

또 무리를 지음으로써 적을 혼란시킬 수도 있다. 파이크(강꼬치 고기)가 있는 수조 속에 한 마리의 가시고기를 넣으면 파이크는 금방 가시고기를 잡아먹는다. 그러나 가시고기를 무리째 넣으

78

〈그림 3-13〉 어린이 머리만 한 타조알. 이것을
품는 것은 어미의 '대표'이다

면 파이크가 최초의 한 마리를 잡기까지의 시간이 길어진다.

방어를 위하여 더 적극적으로 협력하는 동물도 있다. 이리떼
의 습격을 받은 사향소 수컷들은 바깥쪽 이리를 향하여 둥글게
진을 친다. 이렇게 하면 이리는 사향소 뿔이 방해가 되어 공격
할 수 없게 된다. 또 얼룩말이 사자에 대항하여 원을 만들어
뒷다리로 방어하는 것도 잘 알려져 있다.

적에게 더 재미있는 방법을 취하는 동물도 있다. 타조의 경
우 몇 마리의 암컷이 같은 둥지에 알을 낳는데, 실제로 알을
품는 타조는 맨 먼저 알을 낳은 암컷이다. 타조 암컷은 자기

3장 수수께끼에 찬 동물 행동 79

것 이외의 다른 암컷의 알도 부화시킨다.

처음에 알을 낳는 타조 암컷은 남의 알을 부화시킬 뿐만 아
니라 다른 암컷의 새끼까지 기른다. 더 대단한 것은 이 암컷은
다른 둥지에서 태어난 새끼를 데리고 있는 다른 암컷을 일부러
내쫓고 그 새끼들을 자기 집단에 끌어넣는 일조차 있다. 그 때
문에 타조 암컷은 보통 20~30마리의 새끼를 데리고 있고, 많
을 때에는 100마리가 넘는 무리를 돌보는 일도 있다.

이 참견하기 좋아하는 타조의 습성도 무리나 집단을 짓는 편
이 안전하기 때문인 것 같다. 사실 타조 새끼는 큰 집단으로
있을수록 살아남기 쉬운 것이 관찰되고 있다.

또한 많은 알을 품고 많은 새끼를 키우면 그 어미 자신의 새
끼들도 훨씬 살아남기 쉬워진다. 실제로 타조 암컷은 자기가
낳은 알을 정확히 식별할 수 있고 자기 알을 둥지 가운데 놓고
부화하기 쉽게 하는 일이 확인되었다.

집단행동으로서의 사냥

집단으로 생활하는 두 번째 이점은 먹이를 찾거나 먹이를 사
냥할 때에 유리하다는 것이다.

예를 들면, 집단으로 생활하면 한패의 개체가 먹이를 찾아내
어 먹는 모습을 보는 것만으로 어디에 먹이가 있는지 알게 된
다. 이것만으로도 무리에 낄 충분한 이유가 된다고 생각한다.

확실히 먹이를 찾아낸 개체가 다른 패거리가 먹는 것을 방해
하는 일도 있다. 그러나 일반적으로 말하면 풍부하게 있는 먹
이의 몫을 얻으려고 가까이 다가서는 한패를 저지하는 수단은
적다.

단독으로 살고 있는 호랑이나 뱀은 살며시 다가서서 먹이를 포식한다. 그런데 집단으로 생활하는 사자, 하이에나, 리카온 같은 동물은 무리의 개체가 협력하여 먹이를 잡는다. 이 협력 은 인간이 하는 사냥과 같은 방법이라고 해도 좋을 것이다.

단독으로 하는 사냥보다도 이러한 집단에 의한 사냥 쪽이 먹 이를 잡는 가능성이 높아진다. 집단이면 한패끼리 교대하면서 먹이를 추적할 수 있으며 먹이의 도망갈 길을 막을 수도 있다.

또 단독으로 습격하는 먹이의 크기에는 한계가 있다. 무리로 하는 사냥이면 단독인 경우보다 훨씬 큰 먹이를 덮칠 수 있다. 실제로 하이에나는 한 마리로는 도저히 잡을 수 없는 얼룩말과 같은 대형 동물을 집단으로 습격하여 포식하는 일이 있다. 또 하이에나 집단에서 몇 마리인가가 코뿔소 어미의 주의를 딴 곳 으로 돌리는 동안에 무리의 패거리들이 새끼 코뿔소를 덮치는 일도 있다.

사자도 아프리카 초원에서 떼를 지어 살고 있다. 사자 무리 는 1~6마리의 수컷과 4~12마리의 암컷, 새끼들로 이루어지며 '프라이드(pride)'라고 부른다. 보통 사자가 먹이를 잡아오는 것 은 수컷이 아니고 암컷이다.

사자는 속력은 전력으로 달려도 기껏 시속 60킬로미터 정도 밖에 안 된다. 그런데 사자가 습격하는 먹이 중에는 시속 80킬 로미터로 달리는 동물도 적지 않다. 그 때문에 사자는 먹이에 충분히 다가서고 나서 공격하는 일이 많다.

사자가 얼룩말을 덮칠 때는, 먼저 몇 마리의 사자가 멀리부 터 얼룩말을 둘러싸면서 상대가 알아차리지 못하게 살며시 접 근한다. 그리고 그 중 한 마리가 충분히 다가가서 공격을 하면

〈그림 3-14〉 초원을 건너가는 톰슨가젤. 한 마리의 사자는 그 포획
성공률이 15퍼센트라고 한다

얼룩말 무리는 혼란 상태가 되어 일제히 달아난다. 이때 매복
하고 있던 사자가 나타나서 얼룩말을 잡는다.

이런 집단적인 사냥이 단독으로 하는 공격보다도 효율이 좋
다는 것이 알려져 있다. 사자가 톰슨가젤을 잡는 경우, 단독으
로는 15퍼센트의 성공률밖에 안되는데 두 마리 이상의 사냥에
서는 포획률이 30퍼센트를 웃돈다.

하이에나의 경우와 마찬가지로 사자도 단독으로는 잡기 힘든
물소조차도 집단으로는 잡을 수 있다.

이런 사실로도 알 수 있는 것처럼 사자나 하이에나의 사냥에
서는 무리의 각 개체가 서로의 역할을 분담함으로써 먹이를 잡
는 효율이 높아진다.

이런 포식 때 보게 되는 집단적인 행동은 동물에 한하지 않

고 곤충 세계에서도 소수지만 몇 가지 관찰된다.

노린재 무리인 왕노린재의 먹이는 나방이나 벌의 유충, 거미, 지네, 집게벌레 등이다. 노린재가 먹이를 잡을 때는 주둥이를 찔러 상대 체내에 독액을 주입하여 먹이가 약해지는 것을 기다렸다가 그 체액을 빨아먹는다.

교토(京都) 대학의 이노우에(井上弘元)에 의하여 노린재의 이런 포획 행동이 상세히 조사되었다. 먹이를 찾아낸 왕노린재는 살며시 상대에게 다가가 단번에 주둥이를 찔러 넣는다. 주둥이에 찔린 먹이는 필사적으로 몸부림치지만 왕노린재는 상대의 움직임에 몸을 맡긴 채 먹이가 약해지는 것을 가만히 기다린다.

그런데 찔러 넣은 주둥이에서 상대가 달아나거나 다리에 상처를 입거나 왕노린재 자신에게도 큰 피해가 발생하는 일이 적지 않다. 그때 한 마리가 먹이에 주둥이를 찔러 넣으면 한패인 왕노린재가 공격에 참가하는 것이 확인되었다.

이렇게 몇 마리의 왕노린재가 동시에 먹이에 주둥이를 찔러 넣으면 상대를 쓰러뜨리는 성공률이 높아진다. 노린재의 경우에도 이런 집단적인 공격으로 단독으로는 어쩔 수 없는 큰 먹이를 쓰러뜨릴 수 있다.

결국, 동물도 집단행동을 함으로써 먹이를 획득하는 많은 기회를 잡는 동시에 보다 큰 먹이를 잡을 가능성을 얻는다.

순위제로 무리를 유지

사슴과 같이 수컷과 암컷이 다른 무리를 짓고 사는 경우, 수컷과 암컷은 번식에 일시적으로 접촉하지만 교미가 끝나면 수컷은 육아는 거들떠보지 않고 떠나버린다.

한편, 수컷과 암컷이 함께 무리를 짓는 경우에는 출산에서 육아에 이르기까지 수컷과 암컷이 협력하여 해나간다. 그런데 집단생활을 하게 되면 육아뿐만 아니고 다른 일에서도 개체 사이에서 협력 관계가 시작된다. 그 결과, 무리 속에 어떤 종류의 사회 제도가 확립된다.

예를 들면 물고기처럼 알에서 태어나자마자 곧 둥지를 떠나야 하는 경우 새끼는 어미에게서 여러 가지를 학습할 기회가 거의 없다. 따라서 어미가 새끼에게 전하는 전통이나 습관 등은 있을 수 없다.

반면 무리를 짓는 동물의 경우, 새끼는 어미로부터 여러 가지를 배울 수 있다. 특히 육아 기간이 긴 동물일수록 많은 것을 학습할 수 있다. 그리하여 어미에게서 새끼로 행동이나 습성이 전달되어 비로소 전통이나 문화가 탄생할 가능성이 생긴다.

이러한 것에서 생각하면 동물 집단에서는 모자 관계가 무리라는 사회를 형성하는 중심이 된다. 그와 동시에 새끼들은 새끼들끼리 그룹을 만들어 집단에서 살아가기 위한 여러 가지 훈련을 쌓아간다.

이를테면, 무리를 짓는 동물에는 모자 관계와 패거리 관계라는, 사회생활에 없어서는 안 되는 2개의 기둥이 존재한다.

무리의 집단생활에서 또 하나 중요한 일이 있다. 그것은 '순위제(順位制)'라고 부르는 것이다.

무리의 동물들이 먹이를 평등하게 분배하고 패거리를 도우면서 평화롭게 살아간다는 것 따위는 절대로 있을 수 없다. 그것보다는 같은 무리 안에서도 어떤 개체가 보다 많은 먹이를 먹고, 교미할 기회가 많은가 하는 쪽이 당연한 일이며, 그러기 위

84

한 투쟁이 진행된다.

그러한 싸움에서 무리 속의 순위가 확립된다. 많은 동물 집단에서는 일본원숭이의 리더에게서 볼 수 있는 것처럼 크고 강한 수컷이 처음에 먹이를 먹고 암컷과 교미하는 우선권을 가지고 있다.

재미있게도 한번 무리 속에서 순위가 확립되면 순위제는 우위의 개체로부터의 공격이 아니고 열위(劣位) 개체의 우위 개체에 대한 복종으로 이어져 간다.

이렇게 동물이 무리라는 집단으로 생활하기 위한 개체간의 상호 인식에는 여러 가지 형식이 있다. 거기에서 동물은 혈연에 의한 모자 관계나 순위제에 기초를 둔 패거리 관계를 인식하면서 무리라는 사회를 만든다. 또한 무리에 의한 집단생활에는 어떤 종류의 문화나 전통이 싹이 인정된다.

일찍이 인간만이 독점하던 문화나 사회라는 것이 지금에는 많은 동물에게도 인정되고 있다. 무리라는 집단생활을 하고 있는 이상 동물일지라도 사회를 구성하기 위한 제도나 문화를 전달하기 위한 정보 수단이 존재한다.

도킨스는 개체나 종(種)으로서의 생물 진화뿐만 아니고 생물 사회의 진화라는 것에도 흥미를 가지고 문화나 사회 진화를 '밈(meme)'이라는 개념으로 설명했다. 이것은 나중에 상세하게 설명한다.

여기서 재미있는 것은 집단생활으로 이익을 얻는 것은 반드시 개체가 아니라는 도킨스의 이론이다. 그런 도킨스의 생각을 알아보기 전에 더 인간에 가까운 영장류에 속하는 원숭이의 고도한 사회적 행동에 관해서 소개한다. 어쨌든 원숭이 사회에는 인간 사회도 무색할 만큼 재미있는 사실이 많이 관찰되고 있다. 도킨스가 아니라도 대체 무엇이 그들을 거기까지 진화시켰는지 의심이 들 정도이다.

4. 일본원숭이의 사회와 문화

영장류의 세로 사회와 가로 사회

동물은 수컷과 암컷이라는 두 가지 성이 있고 성이 다르면 생활양식이 달라진다. 그 때문에 많은 포유동물에서는 수컷과 암컷이 다른 무리를 지어 생활한다.

예를 들면, 사슴의 수컷과 암컷은 평소의 생활에서는 서로 다른 무리를 짓는다. 그런데 성교기가 되면 별거 생활을 하고 있던 수컷과 암컷은 일시적으로 접촉을 가진다. 그리고 수컷은 암컷과 성교를 끝내면 다시 별거 생활로 되돌아간다. 수컷은 육아에 일체 상관 않는다.

그런데 영장류가 되면 수컷과 암컷은 하나의 무리를 짓고 언제나 함께 생활한다. 이것은 인간 사회를 보아도 알 수 있는 것처럼 수컷과 암컷과 협력하여 육아까지 하는 시스템을 가지고 있다는 것을 의미한다. 이를테면, 영장류에는 수컷과 암컷으로 이루어진 사회가 존재하고 있다.

분명히 무리는 외적으로부터 몸을 지키기 위해서도 편리하지만, 그 밖에도 무리의 효과는 사회 체제를 가짐으로써 생기는 여러 가지 측면에 있다. 영장류와 곤충은 같은 사회라는 말을 사용해도 전혀 다른 사회이다. 곤충 사회에서는 개체끼리 뿔뿔이 흩어져 있는데 반해 영장류 사회에서는 개체끼리 서로 식별한다.

영장류와 같은 사회 시스템은 육아의 장으로서 대단히 뛰어나다. 먼저 암컷은 수컷은 협력으로 육아 중심인 생활을 할 수 있다. 그 결과, 영장류는 육아시기를 연장하는 것이 가능하다.

앞에서도 얘기한 것처럼 태어나자마자 새끼들이 어미로부터 떠나는 경우에는 새끼는 어미에게서 여러 가지 것을 학습하는 시간을 가지지 못한다. 물고기나 곤충은 알에서 태어나는 동시에 독립하여 생활하므로 습관이나 행동을 어미에서 새끼로 전할 수 없다.

그런데 무리를 지어 생활하고, 게다가 육아 기간이 긴 사회에서는 새끼는 많은 것을 어미로부터 학습할 수 있다. 이런 시스템에서 비로소 여러 가지 행동이나 습관의 전파가 가능하게 되고 문화나 전통 형성이 가능하게 된다.

이런 무리에서는 새끼들도 새끼들끼리 그룹을 만들어 서로 한 패거리로서 사귀기 위한 기본적인 규칙을 배울 수 있다. 이렇게 육아 기간의 연장은 모자 관계뿐 아니라 집단 관계를 형성한다. 영장류 사회에서는 모자 관계라는 날실과 집단 관계라는 씨실이 튼튼히 만들어진다.

수컷은 순위제, 암컷은 혈연제

일본원숭이 사회는 1950년대에 교토(京都) 대학의 이마니시(今西錦司)를 중심으로 하는 영장류의 연구 그룹에 의하여 상세하게 조사되었다.

무리의 사회 구조는 중심부와 주변부라는 2개의 다른 동심원 모양의 부분으로 이루어져 있다. 중심부에는 리더, 암컷, 새끼가 있고 주변부에는 젊은 수컷이 있다. 리더의 수컷은 한 마리일 때도 있으나 보통은 2마리에서 4마리다.

이렇게 일본원숭이의 무리에서는 수컷과 암컷이 함께 생활한다고 해도 수컷과 암컷이 무질서하게 생활하는 것은 아니다. 암컷 집단을 중심으로 수컷 집단을 둘러싸는 시스템을 유지하는 것이 일본원숭이 사회다.

새끼일 때에는 어미와 함께 중심원에서 생활하던 수컷 원숭이도 어른이 되면 주변부로 이동해야 한다. 반대로 말하면, 주변부로 이동하는 것이 진짜 수컷이 되는 일이다. 그 결과, 어른 수컷 원숭이는 어미와 접촉이 어려워져서 근친상간(incest)을 방지할 수 있다.

이렇게 근친상간을 피할 수 있는 것은 무리의 사회 구조에 의한다. 근친상간 금기는 인류의 공통 문화로서 오래 전부터 알려져 있었다. 그 기원에 대해서는 많은 논쟁이 있었는데, 일본원숭이 사회는 이 문제에 큰 암시를 줄 것이다.

일본원숭이 사회를 떠받치고 있는 가장 기본적인 질서는 '순위제'이다. 사춘기 이상의 무리 구성원 사이에는 모든 개체 간에 우위와 열위의 명확한 순위가 존재한다.

처음에 일본원숭이 이외의 동물과 마찬가지로 몸의 크기나 성숙도 같은 신체적인 요소에 의해서 결정되는 '기초 순위'가 있다. 그런데 일본원숭이 무리에서는 이러한 기초 순위 외에 어미 순위와 관계가 있는 순위가 존재한다.

일본 미야자키(宮崎)현 니치난(日南) 해안의 남단에 있는 도이곶(都井岬) 가까운 바다에 있는 고지마(幸島)는 이마니시 연구 그룹이 1952년에 처음으로 야생 일본원숭이의 먹어주기에 성공한 것으로 유명하다. 그 고지마의 일본원숭이 무리에 관해서는 거의 모든 개체의 혈연관계가 알려져 있다.

연구를 시작했을 때 고지마의 일본원숭이 무리에는 '에바'라는 암컷 우두머리가 무리에서 우위를 차지하고 있었다. 이 '에바'의 새끼들이 어미를 배경으로 언제나 으스댔다. '에바'에게는 '에보시'라는 새끼가 있었다.

이 '에보시'와 어른 암컷의 가운데에 먹이를 던지면 기초 순위로는 분명히 위인 어른 암컷원숭이가 먹이를 잡을 터인데, 어머인 '에바'가 있으면 '에보시'는 당연한 것처럼 먹이를 잡는다. '에바'가 조금 떨어진 곳에 있을 때 '에보시'는 큰소리로 '에바'를 불러서 먹이를 잡는다. '에보시'는 '에바'에 의존함으로써 어른 암컷원숭이보다도 우위에 서려고 했다.

이런 의존 효과는 모자 관계의 영향을 가장 강하게 받는다. 그 때문에, 같은 나이의 새끼끼리 순위는 어미 순위와 일치하는 일이 많다. 실제로 고지마나 이누야마(犬山)에 있는 대평산(大平山)의 일본원숭이 무리에서는 새끼의 순위가 어머니 순위와 완전히 일치한다.

수컷에게도 순위제가 있다. 암컷은 육아를 맡아야 하므로 단독 생활자라고 할 수 없다. 그러나 수컷은 원래 단독 생활자이다. 더욱이 공격적인 수컷이 무리 생활을 원활히 하기 위해서는 서로 사회적인 조정이 필요하다. 그 때문에 수컷끼리는 순위제를 뒷받침하기 위한 조정 행동이 있다.

사회적인 조정 행동, 즉 일종의 매너로서 유명한 것이 '마운팅'이다. 마운팅이라는 것은 우위인 수컷원숭이가 열위인 수컷의 궁둥이에 타는 행위이며, 우위자가 열위자에 대하여 그 순위를 확인하기 위한 행위로 알려져 있다.

마운팅은 상대방을 용서하는 외에 의례 행위로서도 행해진다. 또, 리더의 시위 행위로서도 사용된다. 젊은 수컷원숭이가 리더의 공격을 받으면 젊은 수컷원숭이는 방어적 자세를 취하면서 엉덩이를 돌린다. 이것은 프레젠팅이라고 해서 복종의 의사를 나타내는 행위이다. 그러면 리더는 젊은 수컷원숭이에 마운팅을 하여 그를 용서한다.

일본원숭이 사회는 이렇게 수컷의 순위제와 암컷의 혈연제로 뒷받침되어 있다. 이를테면 수컷은 힘에 의한 순위제이며, 암컷은 핏줄이 이어지는 혈연제로 규제되어 있다.

일본원숭이에게도 문화가 있다

일본원숭이의 문화적 행동으로 유명한 것은 1953년에 고지마에서 관찰된 고구마 씻기일 것이다. 어느 때, 한 마리의 암컷원숭이가 고구마에 묻은 모래를 바닷물로 씻는 것을 배웠다. 당시 1살 반이었던 이 원숭이는 그 뒤 '고구마'라고 불리게 되었다. 이 고구마 씻기라는 행동은 처음 5년간은 새끼에서 새끼로 전해지고 그 새끼로부터 어미에게 전파됐다.

6년이 지날 무렵부터는 고구마 씻기를 익힌 새끼들이 어미가 되기 시작했다. 그런 어미의 새끼는 태어나면서 어미의 고구마 씻기를 보고 자라기 때문에 모두 고구마 씻기를 익히게 된다. 그리고 10년 후에는 무리 중 2살 이상의 원숭이 73퍼센트가 바닷물로 고구마 씻기를 하게 되었다.

같은 고구마 씻기라도 처음에는 모래를 씻는 것에 불과했는

〈그림 3-15〉 고지마(幸島)의 일본원숭에서 볼 수 있는 마운팅

데 어느 새인가 한입마다 고구마를 바닷물에 담가 소금 간을 묻혀 먹게 되었다.

먹이를 주게 되어 연구대상이 된 일본원숭이 무리에는 그 밖에도 많은 문화적인 행동이 존재했다. 예를 들면, 사금(砂金) 채집법이라고 부르는 행동이다. 보리를 해안에 뿌리면 보리에 모래가 묻고 모래 속의 보리를 한 알씩 주우면 능률이 너무 나쁘다.

그래서 고구마 씻기를 발견한 천재 원숭이는 보리를 모래와 함께 두 손으로 떠서 해변의 물웅덩이에 던졌다. 그러면 모래는 무겁고 보리는 가벼우므로 물 위에 보리가 뜬다. 그 보리를 건져내면 보리가 깨끗이 씻기는 동시에 보리만 단번에 모을 수 있고 게다가 소금 간도 더해진다. 바로 일석삼조의 이 행동도 고구마 씻기와 같은 루트로 무리 속에 정착해 갔다.

또 고지마의 일본원숭이는 수영을 여가 활동으로 했다. 사람

〈그림 3-16〉 고구마 씻기를 하는 고지마의 일본원숭이

이 던진 먹이가 바다에 떨어졌을 때 바닷물에 뛰어든 것을 계기로 얼마 후에 수영을 즐기기 시작했다.

자연 상태에서도 바다에 들어가 헤엄치거나 소금 간을 발견한 일본원숭이가 일찍이 한 마리도 없었다고 단언할 수는 없다. 오히려 그런 일본원숭이 개체가 있었다고 생각하는 편이 자연스러울지 모른다.

문제는 그런 행동이 왜 종 전체의 특성으로 보존되어 고정되지 않았는가 하는 것이다. 그 가능성의 하나는 야성 무리에서는 정보 전달력이 약하다는 것이다.

앞에서 얘기한 것처럼 일본원숭이의 고구마 씻기라는 행동은 새끼 사이에 전달되어, 새끼에서 어미에게 전해지고, 이윽고 무리 전체에 퍼져갔다. 말을 못하는 원숭이의 경우, 이러한 문화적 행동의 전파는 모두 시각에 의한 확인에서 모방이라는 형식으로 진행된다.

먹이주기로 순화된 일본원숭이 집단은 서식지가 같으므로 자기 이외의 원숭이 행동을 언제나 보면서 살고 있다. 그런데 야생 무리에서는 각 원숭이는 서로 별로 신경 쓰지 않고 이를테면 제멋대로 생활한다. 주위 원숭이들의 행동을 일일이 신경쓸 필요도 없고 그런 여유도 없다.

즉 먹이로 순화된 무리에서는 정보가 전달되기 쉽다. 반면 야성 무리에서는 정보가 전달되기 어려운 시스템으로 되어 있다. 그 때문에 하나의 새로운 문화적 행동은 무리에 전달하기 전에 없어질 가능성이 크다.

어쨌든 일본원숭이 무리에는 사회 제도라고 할 수 있는 무리의 규칙이 있고, 게다가 문화적 행동이라고도 부를 수 있는 흥미 깊은 행동이 있다는 것도 사실이다.

그러나 동물 행동은 왜 이렇게까지 하면서 진화해야만 했을까? 다윈은 개체가 살아남기 위한 전력으로 이것을 설명하려 했지만 과연 그것만일까? 또 동물의 본능과 문화적 행동과는 어떠한 연결을 가질까?

여기까지 오면 아무래도 도킨스의 이기적 유전자라는 이론을 이해할 필요가 있다. 다음 장에서는 도킨스의 진화론이 탄생하는 역사적 배경을 알아보기로 한다.

4장
이기적 유전자의 길

1. 해밀턴의 혈연 진화설

왜 집안 식구는 귀여운가

가족끼리 서로 강한 인연으로 묶여 있는 것은 인류 공통의 사실이다. 부모와 자식은 가장 두드러진 것으로 부모는 자식을 위해서라면 자기 목숨을 버리는 일조차 있다.

신문 기사에 닭장 화재가 보도되었다. 닭장에 불이 나서 그 안에 있던 닭이 타서 죽었다. 그러나 그 닭 밑에서 병아리 몇 마리가 무사히 살아남았다. 어미닭은 자기를 희생하여 병아리를 지켰다. 그것을 본 이웃사람들은 저도 모르게 눈물지었다고 한다.

닭장의 화재 따위는 지방 신문이라면 몰라도 전국지(全國紙)의 기사가 될 리가 없다.

그러나 이 어미닭의 병아리에 대한 애정은 종을 넘어서 인간의 가슴을 뭉클하게 했고 특별히 보도할 가치가 있는 감동을 불러일으켰다.

짚신벌레나 아메바 등에서는 잘 모르지만, 일반적으로 고등한 동물에서는 부모 자식이 애정이라는 끈으로 강하게 묶여 있다. 그러나 부모 자식이라는 혈육의 정을 넘어서 인간은 타인을 돕는 일이 있다.

이것도 역시 신문 기사인데, 맨션에서 떨어진 어린이를 지나가던 사람이 받았다는 얘기가 있었다. 자칫 잘못하면 받는 사람도 크게 상처를 입는다.

이 경우 혈육의 애정은 관계없다. 떨어진 아이와 그것을 살려준 사람과는 서로 타인이다. 살려준 사람으로 보면 순간적인

〈그림 4-1〉 강물에 빠진 자식을 구하고 아버지는 죽었다는 신문 기사
〔아사히(朝日)신문, 도치기(板木)판, '89. 11. 29〕

본능적 행동이었을 것이다. 우리 인간에게는 자기를 희생해도 타인을 돕는 이타적(利他的) 본능이 있는가?

그런데, 부모 자식이나 형제는 서로 피를 나눈 혈연관계이다. 형제보다는 멀지만 사촌, 육촌, 백부, 숙부, 백모, 숙모도 혈연관계에 들어간다.

그러므로 집안 식구를 돕는 것은 혈연자끼리 돕는다고 바꿔 말할 수 있다.

이러한 행동은 '혈연 이타주의'라고 불리며 혈연자의 위기를 눈앞에 보면, 동물은 자기를 희생하고서도 도우려는 경향이 있다는 것을 말해준다.

이러한 이타 경향을 단지 애정만으로 설명할 수 없음은 바로 앞에서도 얘기했다.

혈연 도태설

영국의 생물학자 W. D. 해밀턴은 이 문제를 유전자라는 관점에서 파악했다.

그는 1964년에 「사회 행동의 유전직 진화」라는 논문을 발표하여 그 수학적 정식화(定式化)를 시도했다. 이 논문은 '혈연도' 계산이 길게 늘어져 아주 난해하다.

그러나 해밀턴의 이론을 요약하면,

"혈연자를 돕는 행동을 야기하는 유전자는 도태상 유리하며 개체군에 퍼질 경향이 강하다."

는 것이다.

즉, 혈연 이타주의가 동물계에서 보편적으로 보이는 것은 모든 동물이 그런 행동을 일으키는 유전자를 갖기 있기 때문이다. 이러한 유전자는 처음에는 적어도 긴 도태 사이에 그렇지 않은 유전자를 밀치고 개체군에서 퍼지고, 마침내 전면적 승리를 얻게 된다.

여기서 주의해야 할 점은 다윈 진화론과 달리, 도태상 유리한 것은 개체가 아니고 유전자라고 해밀턴이 설명하고 있다는 점이다.

자기를 희생하여 혈연을 돕는 이타적 행동은 적어도 그것을 행하는 개체에게는 손실 이외의 아무것도 아닌데, 그 개체의 유전자에서 보면 이타적 행동은 득이 된다는 것이다.

따라서 개체가 하는 이타적 행동이란 실은 유전자에게는 이기적 행동이 된다.

유전자의 이기적 행동이라 해도 유전자 자체는 생물도 아니고 행동도 하지 않는다.

그러나 해밀턴은 개체에 혈연을 도와주는 행동을 일으키는 유전자를 함유하는 유전자는 개체군 속에서 점차 증가되어 도태 상에서도 유리하게 될 것이라고 주장한다.

어떤 개체가 가지고 있는 유전자는 모친의 것과 부친의 것이 페어(쌍)가 되어 있다.

이것을 개체의 유전자에서 보면 양친의 유전자가 1/2씩 자식에 있다. 그러므로 부모가 자식을 위하여 자기를 희생한 행동을 취하는 것은 유전자로서는 자신의 1/2을 구한 것이 된다(물론 그 1/2은 자기보다 오래 살 터이지만).

부모라는 개체는 애정에 기초를 두고 자식을 구했다고 생각해도, 실은 그러한 희생적 행동을 일으키는 유전자를 가졌기 때문일 뿐이다. 또한 이런 혈연 이타적 행동을 일으키는 유전자는 그렇지 않은 유전자보다 자연도태에서 살아남을 기회가 커진다. 즉, 도태라는 과정에서 살아남아 무리 안에 정착한다.

이야기는 부모 자식에만 한정되지 않고 형제라든가 친척끼리라든가 하는 방식으로 그 중에 혈연 이타주의 유전자를 함유하는 유전자끼리는 서로 집단 안전보장 조약을 맺은 것이 된다.

유전자는 다른 개체보다도 자기와 아주 닮은 유전자를 가진 개체, 즉 혈연인 개체가 위험해지면 자기를 희생하며 도움으로써 자신과 가까운 유전자군을 집단적으로 방어한다고 한다.

이 안정보장 조약을 맺고 있는 혈연 이타주의 유전자와 그렇지 않은 유전자의 우열은 분명하다. 서로 돕지 않는 유전자들이 살아남을 가능성은 서로 돕는 유전자들의 그것에 비하여 낮은 것은 당연하다. 그 때문에 오랫동안 혈연 이타주의 유전자는 도태에 의하여 늘어났다.

이것이 혈연 진화설 또는 혈연 도태라고 부르는 생각이다.

혈연도를 계산한다

같은 혈연이라도 부모 자식과 사촌과는 아마 이타적 행동도 다를 것이다. 자기 목숨을 버리면서 자식을 구하는 부모는 있어도 과연 사촌의 목숨까지 구해줄 수 있을까? 또한 형제나 사촌끼리도 혈연관계에 있는데, 이런 혈연관계에서는 어떤 이타적 행동이 있을 수 있는가?

이에 대해서 해밀턴은 동일한 유전자를 얼마만큼 공유하고 있는지 나타내는 혈연도를 생각했다.

구체적으로 그림을 보면서 그 근연도(近緣度)를 계산해 보자.

〈그림 4-2〉에는 부모의 유전자와 자식의 유전자를 보였다. 자식 수는 4명으로 하였는데, 이것은 유전자 조합으로서 네 가지 경우가 있다는 의미다. 남자아이의 경우는 A남이거나 B남의 어느 쪽이며, 여자아이의 경우는 C자, D자의 어느 쪽인가의 유전자 타입이 된다. 이 4개의 타입은 어떤 것이 특히 생기기 쉬운 것은 없고 확률적으로 같다.

Y유전자를 가진 것이 남자인데, 남자아이는 아버지에게 Y유전자 1개, 어머니에게 X유전자를 1개를 물려받는다. 또 여자아이는 아버지로부터 X유전자, 어머니로부터도 X유전자를 받아 XX형 여자가 된다. 남자와 여자가 확률적으로 같은 수가 되는 것도 이것으로 분명하다.

다음에는 드디어 혈연도를 구해본다. 조금 까다롭지만 내용은 간단하다. 먼저 부모 자식 중에서도 아버지와 자식을 알아

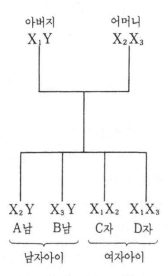

아버지   어머니
X_1Y X_2X_3

X_2Y X_3Y X_1X_2 X_1X_3
A남   B남   C자   D자

남자아이   여자아이

(남자는 XY형, 여자는 XX형의
유전자를 가진다)

〈그림 4-2〉 부모 자식, 형제의 유전자 예

보자.

그림에서 아버지이 유전자는 X_1과 Y이다. 그 X_1이라는 유전자가 자식에게 전해지는 확률은 자식 4명 중 C자와 D자의 2명에게 전달되므로 1/2이다. 마찬가지로 Y가 자식에게 전달되는 확률도 4명 중 A남과 B남 2명에게 전달되므로 1/2이다.

즉, 아버지의 유전자가 어느 쪽이든 자식에게 전달되는 확률은 1/2이 됨을 알 수 있다.

어머니의 경우도 마찬가지로 생각하면 된다. 어머니의 X_2유전자가 자식에게 전달되는 것은 A남과 C자의 경우로 역시 1/2이다. X_3 유전자 쪽도 마찬가지로 1/2임이 확실하다.

100

어머니의 경우도 아버지와 똑같이 자기 유전자가 자식에게 전달되는 확률이 1/2이므로 양쪽 합해서 부모 자식의 혈연도는 1/2이 된다.

헤밀턴의 논문에 수식이 많은 것은 이런 확률 계산을 많이 했기 때문이다.

다음에 자식끼리, 즉 형제간의 혈연도를 계산해 본다. 〈그림 4-2〉로 생각하면 된다. A남의 경우를 생각해 보자. A남은 $X_2 Y$형으로 X_2유전자를 보자.

A남에게 형제의 유전자 타입은 그림처럼 4개가 있는데, 그 중 A남형과 C자형의 두 사람이 X_2유전자를 가지고 있다. 그러므로 X_2를 공유하는 확률로서는 2/4, 즉 1/2이다.

이번에는 Y유전자를 보자. Y유전자는 역시 X_2를 공유하는 확률로서는 2/4, 즉 1/2이다.

즉 A남과 A남의 형제가 같은 유전자를 공유하고 있는 확률은 1/2이 된다. 이것이 A남만 아니고 B남, C자, D자의 모든 유전자에서 성립된다는 것은 마찬가지로 계산해 보면 곧 알게 된다.

그러므로 결론으로서는 형제끼리의 혈연도가 1/2이 된다.

이 계산법에 따르면 숙부와 숙모, 조카와 조카딸, 조부모와 손자 손녀, 이모(부) 형제끼리의 혈연도는 1/4이 된다. 부모 자식과 형제의 1/2에 비해서 혈연도는 작아져서 먼 관계라는 것을 알 수 있다.

사촌끼리는 1/8, 육촌끼리는 1/32로 자꾸 혈연도는 작아져서 생판 모르는 사람의 제로에 상당히 가까워진다.

X나 Y라는 유전자에서 보면 혈연도가 높은 혈연자를 돕는

것은 자기와 같은 유전자를 남길 기회가 크다는 것을 의미한다.

혈연도의 크기로 생각하면 유전자에게는 형제를 한 사람 돕는 것과 4명의 사촌 또는 16명의 육촌을 돕는 것이 같다.

만일 유전자로 결정되는 '애정'이라는 것이 있다면 혈연도 숫자로 보아 사촌보다도 형제 쪽에 4배 강한 애정을 느낄 것이다.

여기서 재미있는 것은 부모끼리, 즉 부부간의 혈연도는 제로가 된다. 제로이므로 애정도 제로인가 하면 그렇지 않다.

부부는 서로 애정을 가지고 협력하는 쪽이 자식을 키우는 데 편리하다. 그러므로 혈연이 아니라도 애정을 가진 편이 결국은 자기 유전자를 남기는 데 유리하므로 애정을 가진다고 설명할 수도 있다. 혈연 도태설에서 부부의 애정을 어떻게든 설명하라고 하면 이렇게 되지만 조금 저항을 느끼는 사람도 있을 것이다.

유전자의 혈연도를 계산할 수 있는가

유전자의 혈연도 크기에 비례하여 집안 식구끼리 이타적 행동을 할 수 있다면 마치 유전자에 혈연도를 계산하는 능력이 있는 것처럼 생각된다.

예를 들면 사촌과 육촌 두 사람이 바다에 빠졌을 때, 혈연도로 보면 사촌은 1/8, 육촌은 1/32이므로, 이론적으로는 사촌을 구할 것이다. 사촌을 구하는 쪽이 4배나 득이 되기 때문이다.

그러나 유전자는 말할 것도 없고 구하려는 사람은 이런 계산을 하지 않는다. 적어도 인간은 이런 경우 사촌만을 우선적으로 구하는 일도 실제로는 있을 수 없다. 결국, 혈연 도태설은 집안 식구를 돌보거나 돕는 행동 중 혈연도의 크기에 의존하는 것이 있다고 말하는 데 지나지 않는다.

혈연도에 의존하는 이타적 행동의 존재는 굳이 유전자나 개체에 혈연도를 계산할 능력이 있다는 것은 아니다.

이를테면 태양 둘레를 도는 행성이나 혜성 궤도는 타원 또는 쌍곡선을 그리며, 수학적으로는 2차식으로 나타낼 수 있다. 그렇다고 해서 아무도 별에 2차식을 계산하는 능력이 있다고는 생각하지 않을 것이다.

아인슈타인은

"물리 법칙이 불가사의한 것은 아니다. 그것보다도 이 세상에 법칙이 있다는 것 자체가 불가사의하다."

라고 말했다. 혈연도의 복잡한 계산식보다도 유전자가 살아남는 방식에 법칙이 있다는 것이 확실히 큰 수수께끼다.

2. 도킨스의 이기적 유전자

도킨스의 2개 기둥

해밀턴은 혈연을 돕는 유전자를 생각했다. 그 유전자는 자기와 같은 유전자를 가질 가능성이 높은 혈연자를 도움으로써 그 유전자를 많이 남기려고 한다. 그러기 위해서 유전자는 때로는 자기가 실려 있는 개체를 희생하는 일조차 있다. 유전자로서는 자기가 들어 있는 개체를 희생하고라도 자기 자신의 유전자를 번영하는 편이 득이 되기 때문이다.

이렇게 생각하면 어떤 중대한 일을 알게 된다. 그것은 유전자는 자기를 위하여 혈연자를 돕고 자기 자신을 희생하는 일이 있는데, 과연 혈연자뿐인가 하는 점이다.

유전자에게 혈연자란 요컨대 자기와 같은 유전자를 많이 가지고 있는 사람이다. 더 정확하게 말하면 자기와 같은 유전자를 가지고 있을 확률이 높은 개체이다.

그래서 반드시 직접 혈연자를 돕는 것 뿐만 아니고 혈연자를 돕는 사람을 돕는 간접적인 루트의 자기희생적인 행동이 있어도 된다.

자기희생적이라고 하면 듣기 좋지만, 보는 관점에 의하면 유전자 자신이 증식하려는 이기적인 행위에 지나지 않는다.

개체라는 관점에서 보면 자기희생 이외의 아무것도 아닌데, 그러나 유전자에서 보면 오히려 전체적으로는 이기적인 행위이다.

해밀턴과 같은 영국의 생물학자 리처드 도킨스는 이렇게 하여 이기적 유전자라는 개념에 도달했다.

도킨스는 옥스퍼드 대학에서 생물학을 공부했다. 유명한 동물 행동학자인 틴버겐 밑에서 동물행동학을 연구했다. 틴버겐은 독일의 로렌츠와 함께 노벨상을 수상한 동물행동학의 선구자이다.

도킨스는 1976년 『The Selfish Gene』라는 책을 출간하고, 그 속에서 이기적 유전자라는 개념을 세상에 던졌다. 그의 아이디어는 2개의 기둥으로 이루어진다.

유전자는 궁극적으로는 자기 자신을 증식시키려는 행동의 프로그램이라는 것. 또 하나는 생물은 그 프로그램을 실현하기 위한 그릇 또는 탈것에 지나지 않는다는 것이다.

이미 알고 있는 것처럼 도킨스의 이기적 유전자는 해밀턴의 혈연 도태를 한 발자국 더 앞으로 나아가 보편화한 것이다.

즉, 도킨스의 생각에 따르면 얼핏 보면 어떤 희생적인 행동, 이타적인 행동도 유전자로서는 이기적이고 합리적인 행위일 따름이다.

이기적 유전자의 다양한 솜씨는 여러 갈래에 걸친다. 자기희생 유전자나 혈연을 돕는 유전자는 그 일부에 지나지 않는다. 다음에 이기적 유전자의 구체적인 예를 알아본다.

개미의 버섯 농장

어떤 종의 개미는 고도로 발달한 사회를 만든다.

벌이 집단을 이뤄 생활한다는 것을 잘 알려졌는데, 개미는 그 별에서 진화했다고 한다.

그러므로 개미와 벌이 생활양식뿐 아니라 몸매까지 닮은 것은 우연이 아니다. 날개미와 벌은 꼭 닮았다. 아마 공중 생활에서 지하 생활로 진화한 벌이 개미의 조상일 것이다.

도킨스가 소개한 예인데, 아메리카나 아프리카의 어떤 종의 흰개미는 '버섯 농장'을 만드는 습성이 있다. 그 중에서도 잘 알려진 것은 남아메리카의 가위개미다.

가위개미는 지하의 집 속에 버섯 농장을 만든다.

그 집 자체가 거대한 도시이며, 거기에 사는 개미 수는 200만 이상이나 된다. 집 속에는 통로나 방이 수없이 많고 도쿄(東京)나 신주쿠(新宿)의 지하도와는 비길 데 없이 복잡하여 개미가 그 길을 어떻게 자유롭게 왕래하고 있는지는 하나의 연구 과제

〈그림 4-3〉 나뭇잎을 나르는 가위개미. 이 개미는 버섯 농장을 경영하는 본능을 가진다

가 될 정도이다.

가위개미가 그 집을 만들기 위하여 파내는 흙은 40톤이나 된다고 한다.

가위개미의 일개미는 지하의 버섯 농장에 특수한 균류(菌類)를 심고 그것을 식량으로 삼기 위하여 버섯을 기른다. 버섯을 기르기 위해서는 식물 잎이 필요한데, 일개미가 이 잎을 모아 온다. 모을 뿐만 아니라 잘게 부수어 버섯 묘상(苗床: 꽃, 나무, 채소 따위의 모종을 키우는 자리)을 만든다. 버섯 농장은 깊은 흙 속에 있으므로 고온 다습하여 자라기에 좋은 환경이다.

일개미는 버섯을 정성들여 돌본다. 버섯 아닌 것이 자라면 그것을 뽑아 버리고 버섯 농장을 언제나 깨끗하게 유지한다.

여기에서 가위개미는 왜 버섯을 기르는가 하는 문제가 생긴다. 버섯 농장의 경영은 가위개미의 습성이다. 습성이라는 것은 본능이며, 유전자가 그 행동을 다스린다는 것이다. 즉 가위개미는 버섯재배 유전자를 가졌다.

이 비섯 재배 유전자는 가위개미의 혈연이기는커녕 전혀 다른 생물인 버섯을 돕는다. 이런 의미에서는 자기희생적이다.

이 유전자의 진짜 목적은 그 버섯을 가위개미의 새끼들에게 먹이는 일이다. 즉 간접적으로 새끼들을 돕고 있다.

물론, 이 유전자는 단지 버섯을 재배하는 행동을 일으킬 뿐 자기들의 목적이 개미 유전자를 늘리는 데에 있다고 생각하지 못한다. 다만 이러한 버섯재배 유전자를 가진 유전자가 자연도태상 유리하게 작용하여 진화 과정에서 개미 개체군으로 퍼진 것에 지나지 않는다.

개미가 버섯을 기르는 데는 ① 버섯을 위한 잎을 찾는다 ② 그 잎을 물어뜯는다 ③ 모은다 ④ 그것으로 묘상을 만든다 ⑤ 버섯을 돌본다 ⑥ 버섯을 새끼들에 준다 같은 몇 가지 복잡한 행동이 필요하다. 따라서 버섯재배 유전자는 그러한 몇 가지 행동을 지배하는 많은 유전자로 구성된다.

당연히 이러한 유전자는 단번에 출현한 것은 아니다. 각각이 돌연변이에 의하여 생기고 자연도태를 이겨내고 오늘날의 모습이 되었다고 도킨스는 말한다.

진짜 놀랄 만한 일은 개미가 버섯을 재배한다는 것보다도, 오히려 그런 복잡한 행동을 일으키는 유전자군이 돌연변이라는 과정으로 만들어졌다는 것이다.

이기적 유전자는 자기나 혈연자만을 도울 만큼 근시안적이 아니고 버섯을 기를 만큼 영리하다. 다윈 진화론의 표현을 빌

리면 자연도태라는 혹독한 환경이 유전자를 여기까지 영리하게
만들었다고 해야 할지 모른다.

개미는 목장도 경영한다

개미는 버섯 농장만 아니고 가축을 위한 목장도 가지고 있
다. 개미의 가축은 진딧물이다.

진딧물은 식물에 붙어서 그 즙을 빨아먹는다. 많이 빨아먹은
즙 일부는 몸 밖으로 분비한다. 이 진딧물이 분비한 즙은 당분
을 함유하고 있어서 달기 때문에 그것을 개미가 빨아먹는다.

개미는 영리하여 진딧물을 죽여 그 몸속의 즙까지 먹으려 하
지 않는다. 진딧물이 분비한 즙만 빨아먹는다.

오로지 이런 관계라면 그것은 단순한 개미와 진딧물의 공생
(共生)이다. 그런데 개미는 진딧물을 천적으로부터 지켜주고 자
기들 집안에서 진딧물 알을 돌본다. 여기까지 오면 진딧물은
개미의 훌륭한 가축이다.

개미는 진딧물을 알에서부터 길러 지상 식물 위에 '방목(放
牧)'하고 있다.

개미가 이처럼 진딧물 목장을 경영하는 것도 이기적 유전자
가 시키는 일이다.

유전자의 공리 공생

이 문제를 버섯이나 진딧물 쪽에서 보자. 버섯이나 진딧물에
이기적 유전자가 있을 것이다.

개미는 자기들을 위하여 버섯을 재배하는데, 그것은 버섯 쪽
에서 보면 자기들을 위해서 개미에게 재배시키고 있다고 말할

수는 없는가?

버섯은 개미에게 식량으로 먹히는데, 그것으로 절멸하지 않는다. 먹히는 것은 일부이며 버섯은 버섯으로 대대로 자손을 남길 수 있다. 오히려 개미 먹이가 됨으로써 살아남았다고 말할 수 있다.

이런 사정은 진딧물의 예에서 한층 뚜렷해진다. 진딧물은 마지못해 개미의 가축이 되는 것은 아니다. 자기 스스로 개미가 좋아하는 가축이 되려고 노력하는 꼴이다.

진딧물은 개미가 궁둥이에 닿을 때까지는 체액을 분비하려고 하지 않는다. 개미가 그 즙을 받아들일 자세를 취하지 않으면 체액을 몸속으로 되돌린다.

어떤 종의 진딧물 등은 자기 궁둥이에 개미를 끌어들이려고 궁둥이가 개미 얼굴을 꼭 닮은 외관과 감촉을 가지고 있을 만큼 진화되어 있다.

이렇게 진딧물도 적극적으로 개미를 이용한다.

버섯과 개미, 진딧물과 개미와 같은 상호 의존의 관계를 공리공생(共利共生)이라고 부른다.

공리 공생은 결국은 그 관계에 의해서 서로의 이기적 유전자가 함께 이익을 얻게 된다.

진딧물의 예에서 이익을 얻는 것은 단맛이 나는 체액을 얻어먹는 개미와 그 개미의 돌봄을 받고 보호를 받는 진딧물 양쪽이다.

마치 서로의 이기적 유전자가 서로 의논하고 하는 것 같다. 버섯 유전자는

'자기는 개미에게 먹혀 조금 손해를 보지만, 전체적으로는 훌륭하

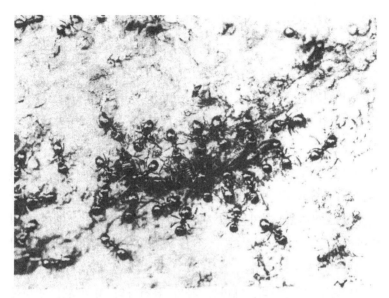

〈그림 4-4〉 진딧물과 개미. 개미에게 진딧물은 '연장된 표현형'이다

게 번식도 하고 어두운 지하 속이지만 어쨌든 살아남게 되므로 괜찮지 않는가?'

라고 생각할지도 모른다.

댐도 유전자가 만든다

도킨스의 이기적 유전자가 지배하는 행동은 그 유전자가 실려 있는 개체를 통하여 다른 개체에까지 작용이 미치고 있다. 개미는 버섯이나 진딧물까지 지배하고 있다.

이것을 바꿔 말하면, 개미의 이기적 유전자는 버섯이나 진딧물의 유전자도 이용하고 있다는 것이다.

개미가 돌보는 진딧물이 개미에게 유리한 체액을 분비한다.

이것은 진딧물을 돌보는 유전자는 간접적으로 진딧물로부터 체액을 분비한다는 표현형(表現型: 생물이 유전적으로 나타내는 형태적, 생리적 특징)을 갖는다고 생각할 수도 있다.

이런 관계를 도킨스는 '연장된 표현형'이라고 불렀다. 연장된 표현형이란 다른 개체에서 표현된 형질, 또는 행동이라고 생각해도 된다.

개미는 잎을 먹어도 소화할 수 없으므로 잎을 비료로 하여 버섯을 기르고 그 버섯을 먹는다. 개미가 소화할 수 없는 잎을 버섯이 소화하고, 개미는 그 버섯을 먹으므로 버섯은 개미 위의 일부라고 생각해도 이상하지 않다. 소화라는 표현형이 버섯까지 연장되었다고 생각한다.

진딧물도 비슷하다. 개미는 자기 유전자의 표현형을 진딧물까지 연장하여 달콤한 체액을 얻는다.

경제 용어에 우회 생산(迂回生産)이라는 용어가 있다. 예를 들면, 물고기를 낚는데 느닷없이 손으로 잡지 않고 먼저 낚싯바늘과 낚싯대를 만든다. 낚싯바늘과 낚싯대를 만드는 것은 물고기를 직접 잡는 일이 아니다. 그러나 일단 낚싯바늘과 낚싯대를 만들면 그 다음은 손으로 잡는 것보다 훨씬 능률적으로 물고기를 잡을 수 있다. 즉 우회 생산이란 어떤 일을 능률적으로 하려고 도구나 시스템을 일단 우회하여 만드는 것을 말한다.

개미 유전자에는 잎을 소화하는 기관이나 효소를 만들어내는 돌연변이는 일어나지 않았다. 그 대신에 버섯을 재배하는 우회 생산적인 유전자가 생겼다. 개미는 끝내 식물의 즙을 빨아먹지 못했다. 그러나 먼 옛날에 진딧물을 돌보는 유전자가 발생했다. 그 덕분에 개미는 달콤한 즙을 빨아먹을 수 있는 신분이 되었다.

유전자는 이기적이지만 우회하여 목적에 도달할 정도로 인내심이 있고 영리하다고 할 수 있겠다.

3. 스미스와 게임 이론

살아남기 게임

도킨스에 의하면 유전자는 철저하게 이기적이며 자기를 번식시키는 것이 최종 목적이다.

만약 그렇다면 유전자는 자연계에서 연출되는 '살아남기, 증식 게임'의 프로페셔널이 된다.

일반적으로 게임에서는 공격적인 수법, 방위적인 수법, 상대를 현혹시키는 수법 등 여러 가지 테크닉과 전술이 구사된다. 그러나 공격적인 수법이 언제나 최선이 되지 못한다. 경우에 따라서는 수비 쪽에 서는 수법이 종종 필요하다.

공격과 수비의 어느 쪽을 취하는가 하는 판단, 또는 그 비율을 결정하는 것은 전략에 속하는 고도한 판단을 해야 한다. 그러므로 유전자에 의한 행동을 유전자 게임이라고 간주하면 살아남기 위한 적절한 전략이 구사되고 있다고 상상할 수 있다.

게임에서의 최적 전략에 대해서는 '게임 이론'이라는 분야가 있어서 많은 연구가 이루어져 있다.

영국의 생물학자 메이너드 스미스는 이러한 관점에서 유전자에 의한 행동에 게임 이론을 적용해 보았다.

게임 이론이란

게임이라고 하면 사람들은 먼저 장기나 마작 또는 카드놀이 등을 생각할 것이다. 요컨대 지고 이기는 놀이다.

게임 이론에서 말하는 게임에서는 물론 이런 게임도 포함되지만 게임을 더 넓게 파악한다.

체스나 바둑과 같은 좁은 의미에서의 게임만이 아니고 인간의 경제 활동, 정치, 전쟁도 게임으로 파악한다. 연애를 심리적인 거래에 따라 진행되는 하나의 게임으로 보는 것도 가능하다.

다음 3개의 요소 ① 게임을 하는 플레이어 ② 선택할 수 있는 몇 가지 수법 ③ 게임의 결과라 볼 수 있는 것이 있으면 그것은 훌륭한 게임이다.

①의 플레이어는 한 사람인 경우도 있고 두 사람 이상일 때도 있다. 이익을 올리기 위해 주식을 팔고 사는 것은 한 사람이 하는 게임으로 볼 수 있다. 어떤 회수를 매수하려고 주식을 매점하는 일은 매점 하는 쪽과 방전(防戰)하는 회사, 두 사람의 플레이어가 다투는 게임이다.

플레이어는 반드시 인간에 한정하지 않고 동물도 좋고 식물인 경우도 있다.

'다음 한 수'를 생각하기 위한 두뇌는 반드시 필요하지 않다. '수'에 해당하는 행동이나 행위를 취할 수 있으면 된다.

②를 선택할 수 있는 수법은 적어도 2개만 있으면 된다. 이런 의미에서, 예를 들면 100미터 경주는 게임으로 보기는 어렵다. 주자는 전력 질주라는 단지 한 가지 '수'만 선택해야 하기 때문이다. 다만 똑같이 달리는 데도 힘의 배분을 생각하고, 후반 50미터에 중점을 두는 경우와 전반에 두는 경우의 두 가지

〈그림 4-5〉 걸프 전쟁이 개시된 역사적인 날(1991. 1. 17)의 바그다드 상공. 이 전쟁에서는 여러 가지 게임 '수법'이 컴퓨터로 계산되었다

'수'를 생각한다면 이것은 게임으로서의 성격을 가지게 된다.

마라톤에서 이러한 성격을 더 뚜렷이 볼 수 있다.

반대로 전쟁과 같이 '수'가 많이 있는 게임도 있다. 사용하는 무기 등의 군사적 수단 외에 정치, 경제면에서 취해야 할 정책도 생각하면 '수'의 수는 대단히 많고 게임도 아주 복잡하게 된다.

③의 결과는 이기고 지는 일, 또는 거는 돈이나 점수 등 객관적인 것이면 무엇이라도 좋다. 그 결과가 판명된 시점에서 게임이 종료된다.

우리 인생에는 부분적으로는 게임적인 요소가 포함되어 있는데, 인생 그 자체를 한 사람의 플레이어가 하는 긴, 이른바 '인생 게임'으로 보는 것은 곤란하다. 왜냐하면 이 게임에는 ③의 객관적인 결과가 없기 때문이다. 예를 들면 1억 원 이상의 재산을 가지게 되면 이기고 그렇지 못하면 진다는 결과를 설정하면 게임이 될지 모르겠으나, 그렇게 되면 '인생 게임'이라는 이름은 벌써 어울리지 않고 재산 형성 게임으로 부르는 편이 낫다.

게임 이론 기초는 존 폰 노이먼이 만들었다. 1944년에 출간된 노이먼의 『게임 이론과 경제 행동』으로 널리 세상에 알려졌다.

노이먼은 부다페스트에 태어나 나중에 미국에 귀화한 천재 수학자다. 업적은 수학뿐 아니라 널리 물리학, 컴퓨터에 이윽고 현재 작동되고 있는 컴퓨터의 계산 방식을 확립한 것도 노이먼이다. 그 때문에 노이먼형 컴퓨터라고 한다.

게임 이론에서는 개개의 게임을 상세하게 논할 뿐만 아니라 게임이 갖는 일반적인 성격이나 특성이 문제가 되는 경우도 많다.

예를 들면 게임은 어떤 종류의 것으로 분류되는가, 필승법은 있는가, 없다면 '좋은 수'란 어떤 수인가의 문제다.

당연한 일이지만 가장 흥미로운 문제는 '이기기 위해서는 어떻게 플레이하면 되는가'이다. 바꿔 말하면 '이기기 위한 전략은 무엇인가'이며, 그것은 물론 게임에 따라 전혀 다르다.

가위바위보를 예를 들어보자. 가위바위보는 플레이어가 두 사람이고 결과는 이기거나 지거나 또는 비기는 게임이다.

플레이할 수 있는 '수'는 가위, 바위, 보의 셋이다. 당연한 일이지만 가위바위보에는 필승법(必勝法)이 없다. 왜 그럴까?

만일 필승법이 있다면 두 사람의 플레이어가 그 필승법을 써서 두 사람이 모두 이기게 되어 모순이 생기기 때문이다. 그럼

〈그림 4-6〉뿔매. 매파라는 말이 보여주듯 몸을 작아도
성질은 거칠다

필승이라고 하지 못하더라도 가급적 많이 이길 수 있는 수는
없을까?

결론부터 말하면, 만일 충분히 사고 능력이 있는 사람끼리
가위바위보를 하는 경우, 가장 좋은 수는 가위바위보의 어느
것이라도 아주 제멋대로 내는 일이다. 승률(勝率)은 딱 50퍼센
트이다.

'제멋대로 낸다'는 것이 최상의 전략임을 납득하기 어렵겠지
만, 만일 제멋대로 내지 않으면 내는 방식에 버릇이 생기게 된
다. 아주 영리한 상대라면 그 버릇을 알아차리곤 역이용한다. 그
결과 질 비율이 커지고 승률은 50퍼센트보다 작아져 버린다.

최고의 전략이 구체적으로 결정되면 그것을 기계적으로 실행
함으로써 게임을 최강으로 싸울 수 있다.

116

그러므로 게임은 반드시 인간뿐 아니라 컴퓨터나 동물도 잘 된다. 게임을 하려면 플레이하는 프로그램만 있으면 된다. 전략 프로그램의 '의미'를 생각할 필요가 없고 프로그램을 '실행'하기만 하면 된다. 가위바위보를 하는 컴퓨터는 인간보다 강하다. 인간은 내는 수에 아무래도 버릇이 있으므로 그것을 알아차리는 프로그램을 가진 컴퓨터에게는 이기지 못한다.

기계나 인간 이외의 생물이 게임을 한다고 생각하기 어렵겠지만 어떤 전략 프로그램을 실행하고 있기만 하면 그것은 게임 이론에서의 게임을 하고 있다고 볼 수 있다.

게임과 진화

스미스는 이 게임 이론을 생물의 행동이나 진화 문제에 적용했다. 스미스는 케임브리지 대학에서는 공학을 공부하였으므로 생물 진화라는 문제에 이러한 수학적 접근을 채택하는 것도 그다지 어렵지 않았을지 모른다.

메이너드 스미스가 제창한 가장 중요한 개념은 '진화적으로 안정한 전략(Evolutionally Stable Strategy)'이며 머리글자를 따서 ESS라고도 한다.

ESS의 가장 간단한 예는 유명한 '매-비둘기 게임'이다.

지금 어떤 동물 집단을 생각해보자. 개체 수는 적당히 많고 서로 접촉할 수 있는 기회는 충분히 있다고 한다.

이 동물에서는 서로 싸우는 방식에 비둘기파형과 매파형의 두 종류가 있다. 매파형에 속하는 개체는 전투적이고 비둘기파는 반대로 얌전한 타입이다. 새 이름이 붙어 있는데 이 동물은 새일 필요는 없고 이렇게 싸우는 동물이면 무엇이라도 된다.

〈그림 4-7〉 매-비둘기 게임의 적응도

상대 본인	비둘기	매
비둘기	15	0
매	50	-25

다만 행동 전략이 매, 비둘기형이면 좋다. 여담이지만 실제 비둘기는 일반적으로 알려진 것과 반대로 상당히 공격적인 새라고 한다.

매파와 매파가 싸움을 시작하면 격렬하게 싸워서 서로 상당히 상처를 입은 뒤 물러서서 싸움은 끝난다.

또, 매파와 비둘기파가 싸우면 비둘기파는 상처를 입기 전에 달아난다. 즉 매파가 이긴다.

다시, 비둘기파와 비둘기파가 만나면 서로 자세를 취하여 생대와 공전하다가 결국 얼마쯤 시간이 지나면 갈라진다.

매파와 비둘기파는 상대도 자기도 어느 타입에 속하는지 모른다고 하자.

어쨌든 매파는 무턱대고 싸우고 비둘기파는 싸우지 않는 습성이 있다.

이것으로 비둘기파와 매파의 전략과 그 결과가 결정되었으므로, 다음은 그 결과 얻어지는 이익을 결정한다. 싸워서 얻어진 이익은 그 개체의 적응도에 비례한다고 가정하므로, 여기서는 이익을 그 적응도 그 자체로 나타내기로 하다.

이 이익이나 적응도는 구체적으로 무엇인가 하는 의문을 가질지 모른다. 그러나 여기서는 그 구체적인 내용에는 들어가지 않고 독자는 단지 싸움 결과, 개체는 이익 또는 손해를 입고 자손을 남기는 능력, 즉 적응도가 증가하거나 감소한다고 이해하기 바란다.

매-비둘기 게임은 동물 행동의 모델에 지나지 않으므로 거기까지 단순화해서 생각한다.

매파와 비둘기파는 서로 싸운 후, 〈그림 4-7〉과 같은 적응도를 얻는다고 하자.

비둘기파와 비둘기파는 서로 싸우지 않으므로 이익을 서로 조금씩 얻는다. 적응도로 환산하여 각각 15점씩 얻는다고 하자.

비둘기파와 매파가 만나면 비둘기파는 달아나 버리므로 얻는 적응도는 제로, 즉 0점. 반대로 매파는 50점이라는 높은 적응도를 얻는다.

비극적인 매파와 매파의 싸움에서 쌍방은 격렬하게 싸워서 서로 몹시 상처를 입게 되므로 이익은 마이너스가 되어 각각 적응도는 -25점이 된다고 한다.

이것으로 게임의 3개 요소 플레이어, 매-비둘기라는 2개의 수, 얻어지는 점수가 결정되었다.

여기서 어떤 동물 집단이 매-비둘기 게임을 하고 자손을 남겨간다고 하면 우리는 그들의 운명을 예언할 수 있다.

결론부터 먼저 말하면, 이 동물 집단은 비둘기파가 42퍼센트, 매파가 58퍼센트가 된다. 비둘기파와 매파의 여러 가지 비율의 집단이 있었다고 해도 몇 세대인가 뒤에는 반드시 이 비율로 틀림없이 된다.

이런 의미에서 42대 58이라는 비둘기 전략, 매 전략의 비율을 진화적으로 안정한 전략이라고 부른다.

왜 이 비율로 되어야 하는가?

이것을 이해하기 위해서 극단적인 예로 비둘기파 100퍼센트라는 집단을 생각해 보자. 즉 전원 비둘기파라는 얌전한 집단이다.

어느 때, 이 집단에 돌연변이로 매파의 개체가 태어났다고 하자. 이 한 마리의 매파의 싸움 상대는 물론 비둘기파 밖에 없으므로 이 매파의 적응도는 50점이 된다.

나머지 비둘기파끼리의 싸움에서 각 비둘기파가 얻는 적응도는 15점이다. 즉 비둘기파 집단 속에 나타난 매파의 적응도는 나머지 비둘기파보다도 높다.

이것은 비둘기파 집단 중에서는 매파가 점차 증가한다는 것을 의미한다. 비둘기파 100퍼센트의 집단은 안정하지 않고 매파가 서서히 증가하는 방향으로 진화해 간다.

반대로 전체 매파 집단, 즉 매파만의 개체로 이루어지는 집단을 생각해보자. 이 중에 돌연변이로 비둘기파가 태어나면, 이 비둘기파는 필연적으로 매파와 싸움하게 되어 적응도는 0점을 얻는다. 나머지 매파는 매파끼리의 싸움이므로 각각 -25점이다.

이 경우에도 한 마리 비둘기파의 적응도는 나머지 매파의 적응도 -25점보다는 크다. 즉 매파 집단에서 태어난 비둘기파는 매파보다 적응도가 높으므로 서서히 증가하게 된다.

이렇게 비둘기파 100퍼센트인 집단과 마찬가지로 매파 100퍼센트인 집단도 진화적으로 안정하지 않다.

결국, 진화적으로 안정한 집단은 비둘기파와 매파가 어떤 적당한 비율로 섞여 있는 집단이다. 실은 그 비율이 앞에서 주어진 42대 58이다.

이 비율은 적응도 점수로부터 간단히 유도되며, 적응도 점수로 다른 것을 취하면 비율도 그에 대응하여 변한다.

메이너드 스미스는 이런 간단한 전략 모델을 동물 행동이나 습성에 결부시켜 진화를 이해하려고 했다.

매-비둘기 게임에서는 개체를 매파와 비둘기파의 2종류로 생각하였는데, 이것을 조금 변경하여 모든 개체는 부분적으로 매파이고 부분적으로는 비둘기파라고 생각할 수도 있다.

이 개체는 다른 개체와 만났을 때 어떤 경우는 매파, 다른 경우는 비둘기파로서 싸운다. 내친 김에 앞 모델에서의 매-비둘기 비율을 개체중의 비율로 바꿔보자.

이런 개체 집단을 생각하면 앞에서와 같은 생각을 적용하여 진화적으로 안정한 것은 비둘기파 42퍼센트, 매파 58퍼센트의 개체로 된 집단이다. 즉 적당하게 비둘기파, 적당하게 매파 양쪽의 성질을 가진 개체 집단이 유세한다.

매-비둘기 게임을 더 복잡하게 하는 것은 쉽다. 예를 들면, 전략을 매-비둘기 2종류만이 아니고 더 늘릴 수도 있다.

메이너스 스미스는 매-비둘기 외에 '보복자', 즉 비둘기파에 대해서는 비둘기파, 매파에 대해서는 매파로 행동하는 전략이 있는 게임도 고찰했다.

왜 인간이나 동물이 어떤 특정한 행동을 취하는가, 그 행동은 상대나 환경에 대응하여 어떻게 변하는가를 해명하는 것은 생물학적으로도 진화론적으로도 중요한 테마다.

게임 이론은 이러한 문제 해명에 하나의 돌파구를 여는 수단이라는 것을 메이너드 스미드가 제시했다.

물론 이것은 해밀턴, 도킨스로 이어진 연구 흐름을 탄 작업

이다. 예를 들면, 여기에 이기적 유전자와 이기적이지도 이타적
이지도 않은 모호한 유전자(비둘기에 해당)로 이루어진 집단이
있었다고 하자. 그 유전자간의 게임이 매-비둘기 게임과 같다
고 하면 이기적 유전자가 25퍼센트, 모호한 유전자가 48퍼센
트라는 것이 그 집단이 귀착하는 곳이 된다.

모두 이기적이라는 개체 또는 집단이 되지 않는 것이 재미
있다.

다음 장에서는 드디어 도킨스의 이기적 유전자라는 생각의
핵심에 대해서 구체적으로 설명한다.

5장
생물은 유전자의 탈것이다

1. 도태 단위는 유전자

소진화와 대진화

진화와 도태라는 말이 지금까지 몇 번이나 나왔다. 그러나 주어가 애매하여 무엇이 진화하고 무엇이 도태하는지 잘 알 수 없었다.

주어는 종(種) 전체, 개체군, 개체의 어느 것인가? 또는 그 밖의 것인가?

진화와 주체, 즉 단위를 어떻게 생각하는지는 어느 수준에서 진화를 생각하는지와 관계있다.

진화에는 크게 나눠서 소진화와 대진화의 두 가지가 있다. 모두 미국의 B. R. 골드슈미트에 의하여 만들어진 말이며, 그는 제2차 세계대전 중 독일에서 미국으로 건너간 유전학자이다. 소진화는 돌연변이가 쌓여가는 데 따른 종래의 분기를, 또 대진화는 종이나 속(屬) 이상의 큰 분기를 말한다.

원시적인 파충류로부터 조류, 공룡류, 포유류 등이 진화해왔는데 이들은 대진화의 예이다. 그 중 공룡류는 약 6500만 년 전에 절멸하여 그 자손은 이제는 존재하지 않는다.

인류는 현재의 유인원과 공통의 조상으로부터 분기하여 호모 사피엔스로 진화했다고 여겨지는데 이것도 대진화다.

사람과 침팬지는 모두 영장목에 속하는데, 사람은 사람과, 침팬지는 오랑우탄과에 속한다. 이렇게 사람과 침팬지는 공통의 조상으로부터 '과(科)'라는 수준에서의 차이를 가져다준 대진화를 이룩했다.

사람과 침팬지는 얼굴과 전체적인 모습에서는 상당히 다른

〈그림 5-1〉 1835년 9월, 처음으로 갈라파고스 섬에 다가선 다윈은
이렇게 거대한 바다도마뱀의 출현에 크게 놀랐다고 한다

것 같이 보이는데, 유전자 구조는 1퍼센트도 다르지 않다. 이
때문에 사람과 침팬지는 같은 과에 넣어야 한다는 전문가도 있
을 정도이다. 만일, 그렇다면 사람과 침팬지의 분기는 대진화라
고 할 정도가 아닐지 모른다.

　유인원에는 침팬지, 오랑우탄, 고릴라 등이 포함되는데, 이들
도 대진화의 결과일 것이다.

　찰스 다윈은 갈라파고스 섬에서 다윈 핀치라는 작은 새를 열
심히 조사했다. 섬에는 14종의 다윈 핀치가 있어서 그 생활양
식이나 살고 있는 장소에 따라 부리 모양이 다르다. 다윈은 이
부리의 차이는 진화에 의한 것이라고 생각했는데, 이것은 소진
화라고 할 수 있다.

　미국의 학자 G. G. 심프슨은 소진화와 대진화의 중간으로
계통 진화(系統進化)를 생각했다. 그는 계통 진화의 예로서 말의

진화를 들었다.

특별한 점프(불연속)가 존재하지 않는 한 대진화는 소진화의 축적이며 소진화는 다시 미세한 진화의 축적임에 틀림없다.

종 수준의 대진화도 결국 그것을 구성히는 일부 개체의 진화가 세대를 거듭하는 동안에 서서히 집단 속으로 퍼져간 것이라고 생각하는 것이 상식적인 발상이다.

이러하여 작은 진화의 연속이 큰 진화가 된다면 진화 단위는 가장 작은 단위, 즉 개체가 된다.

반대로 말하면, 작은 진화의 연속적인 축적이 대진화라는 전제를 두지 않으면 진화 단위는 개체가 아니어도 된다. 또 연속, 불연속과는 관계없이 매우 긴 시간 척도에서의 진화를 거론한다면 필연적으로 종 수준 이상의 진화가 문제가 된다.

종이 진화 단위라는 설

N. 에르디리지와 S. 굴드가 제창하고 있는 단속 평형설(斷續 平衡設)에서는 진화 단위는 종이다.

단속 평형설에 의하면, 진화는 긴 정체기 사이에 있는 극히 짧은 기간에 생긴다. 진화는 작은 진화의 축적이 아니고 큰 진화가 단번에 일어난다고 한다. 이 때문에 단속 평형설에서 진화 단위는 적어도 종 수준 이상이다.

굴드의 이 설은 실제로 중간적인 형식을 나타내는 화석이 적고, 지질학적인 시간 규모로는 급속히 생긴 것처럼 보인다는 사실을 잘 설명할 수 있다.

진화는 개체 수준의 미세한 변화의 장기간에 걸친 축적이 아니고 종 수준에서 돌연 생긴다고 한다.

이마니시는 자연도태를 부정하고 나누어살기에 의한 진화를 제창했다. 이마니시 진화론에서도 진화 단위는 종이라고 한다. 더욱이 굴드의 단속 평형론과 마찬가지로 "종은 변할 때가 오면 변한다."라고 하며 비교적 짧은 기간의 변화를 상정하고 있다.

굴드는 진화의 메커니즘으로서 자연도태를 제창하는 점에서는 이마니시와 다르지만, 양쪽 동시에 종을 단위로 하는 급속한 진화가 있다고 제창되는 것은 재미있다.

단속 평형론에서는 자연도태는 종에 대하여 작용한다고 하며 종 도태의 존재를 주장한다. 종 도태가 대진화의 요인이라고 한다.

종을 단위로 하여 '돌연변이'가 생겨 신종이 탄생한다. 이 변화는 방향성도 갖지 않는 전적으로 무작위한 것이다. 이렇게 무작위로 생긴 신종은 많이 있겠지만 그 종마다 생존율 또는 멸종율은 서로 다를 것이 틀림없다. 이리하여 어떤 신종만이 살아남고, 나는 것이 바로 진화다.

이 종 도태의 개념은 일찍이 스탠리가 제창했다.

굴드 설이 옳은지는 종 도태가 실제로 존재하느냐에 달려 있는데, 도킨스는 이것을 부정했다.

도태 단위는 개체인가

진화는 돌연변이 결과가 자연도태에 어떻게 유리하게, 또는 불리하게 작용하는지에 달려 있다. 그리고 그 돌연변이는 개체에서 일어난다.

따라서 도태 단위는 개체라는 생각은 가장 상식적이다. 살아남는 능력에 가장 뛰어난 개체가 무리 중에서 대세를 차지한다고 하면 알기 쉽다.

살아남는 능력이라는 개념은 복합적인 것이다. 먹이를 찾는 능력, 파트너를 획득하는 능력, 싸우는 능력, 그리고 자손은 될 수 있는 대로 많이 남기는 능력 등의 종합된 능력이다.

이들 능력은 모두 개체에 속해 있다.

개체가 다르면 이들 능력은 다르다. 그러므로 도태는 개체 단위로 나타난다. 이것이 개체 도태설이다.

종 변화와 같은 대진화도 결국은 개체 수준의 소진화가 축적되어 생긴다고 한다. 대진화, 소진화의 차이는 진화를 얼마큼의 시간 규모로 보는가 하는 문제가 된다.

유전자가 도태의 주역

개체 도태설은 알기 쉽지만, 잘 생각해 보면 몇 가지 문제점이 있다.

첫째로, 개체 자체는 불멸이 아니고 극히 짧은 수명을 가진 존재에 지나지 않는다는 점이다. 도킨스는 '너무 허무하다'고 표현했다.

진화의 시간 규모는 1만 년에서 100만 년이라는 긴 것이다. 이 진화의 시간 규모로 보면 개체 집단은 사막 속의 한 알의 모래와 같이 허무한 존재이다. 수십 년의 수명 따위는 거의 한 순간이다. 그런 것이 도태 단위일 리가 없다고 도킨스는 생각했다.

원래 도태란 몇만 년 이상 살아남는 동안에 일어나는 작용이므로 수년이나 수십 년으로 죽어버리는 개체는 그 대상이 되지 않을 것이다.

둘째로, 살아남는다는 능력을 결정하는 것은 개체 그 자체보다 개체의 행동이다. 그러므로 개체간의 우열이 아니고 행동의 우열이다. 이런 의미에서 도태는 행동을 결정하는 '무엇인가'에 작용한다고 해야 한다.

만일 행동이 유전자에 의해서 규정되어 있다면 도태는 유전자를 대상으로 하는 현상이 된다.

불멸의 자기 복제자

생물이 부모로부터 자식으로 이어가는 것은 유전자이다. 개체는 수명이 다하면 세상을 떠나는데, 유전자는 자손이 이어받게 되므로 불멸이라고 말할 수 있다.

개체는 이 불멸의 유전자의 탈것에 지나지 않는다. 살아남으려는 것은 개체가 아니고 유전자이다. 그래서 도킨스는 유전자를 자기복제자(自己複製子)라고 이름 붙였다.

도킨스에 의하면, 자연도태란 이 자기복제자가 개체라는 모습을 빌려 행하는 살아남기 게임이다. 게임을 잘 할 수 있는 자기복제자는 자기 복제를 많이 남길 수 있으므로 증식할 수 있다. 잘 할 수 없는 유전자는 멸망한다.

여기서 유전자는 살아남기 게임을 하는 프로그램과 같다.

테니스든 체스든 좋으니 인간이 플레이어인 하나의 게임을 생각해 보자. 마작이나 화투라도 된다. 이런 게임에서는 싸움이 있는데, 이 싸움을 하는 것은 정말로 인간일까?

얼핏 보면 인간처럼 보이는데, 엄밀하게 말하면 정말로 싸우는 것은 그 플레이어의 싸움 방식, 즉 프로그램이다.

테니스의 승부를 결정하는 것은 플레이어 자신이 아니고 그 플레이어의 솜씨다. 즉, 테니스의 방식이다. 체스에서도 말을 쓰는 것은 분명히 체스의 플레이어지만 게임 진행을 규정하고 있는 것은 두 플레이어의 전략이며 전술이다. 즉, 체스 싸움의 프로그램의 유열이 경쟁한다.

최근에 체스는 인간뿐 아니라 컴퓨터도 할 수 있다. 더군다나 잘 할 수 있어서 그 솜씨는 인간의 명인급이라고 한다. 그러므로 체스는 인간끼리가 아니고 컴퓨터 사이의 게임도 되고 있다. 컴퓨터끼리 체스를 하는 경우, 무엇이 그 게임을 다투는가 하면 그것은 두 가지 체스 게임의 프로그램이다.

잘 되어 있는 프로그램은 그렇지 못한 프로그램에 이긴다. 이때, 컴퓨터의 계산 능력이나 속도는 아무 관계가 없다. 프로그램 자체의 우열이 결정적이다. 컴퓨터는 그 프로그램을 맹목적으로 실행하는 '탈 것'에 지나지 않는다.

'이럴 때는 퀸을 이곳에 움직인다', '여기서 공격과 수비의 비율은 2대 1의 비중으로 다음 수를 생각한다' 등 무수한 수를 결정하는 프로그램을 생각할 수 있다. 이러한 프로그램의 세트가 체스의 컴퓨터 프로그램이 되는데, 그것이 좋은 프로그램이면 결국 승리를 얻는다.

이것을 진화와 대비시키면 게임의 승부가 자연도태에서의 살아남기에 대응하여 프로그램이 유전자에 해당한다. 왜냐하면 유전자는 살아남기 게임을 플레이하는 개체의 프로그램 그 자체라고 생각되기 때문이다.

돌연변이는 유전자의 변화, 즉 프로그램의 변경이다. 이 변경 결과로 보다 좋은 프로그램이 출현하면 그것이 진화를 가져다준다.

체스와 진화 게임이 다른 것은 유전자는 게임에 이기면 자기 유전자를 늘린다는 상품을 얻는다는 점이다.

2. 생물은 유전자의 탈것

유전자를 자손에게 전하기 위한 기계

종이란 종 내에서 서로 생식할 수 있는 개체의 집합체이다. 또 개체란 생물로서 그 이상 작게 분할할 수 없는 단위다.

사람이라는 생물에서는 개체는 물론 각 개인이다. 인간은 한 사람 한 사람이 다른 의식을 가지고 개별 행동을 취한다. 그러므로 개인이 사람 사회의 최종적인 구성 요소임은 의심할 수 없는 사실이다.

개체의 행동은 개체 자체를 위한 것일 때가 많다. 먹이를 찾고 적과 싸운다. 이들 행동은 '자신'을 위한 것이라고 해도 별로 이상하지 않다.

그럼 자식을 낳거나 가족을 지키는 것은 누구를 위한 것인가.

여기까지 오면 확실하게 자신 때문이라고 말할 수 없게 된다. 자기를 위한 것 같은 느낌도 있고, 그럴 수밖에 없는 본능적인 행위인 것 같은 느낌도 생긴다.

자식이라고 해도 자신과는 다른 개체이다. 자식을 낳고 기르는 일은 이타적 행동이다. 가족을 부양하기 위한 노동도 그렇다. 이들 행동은 자기라는 개체를 유지한다는 관점으로는 설명할 수 없다. 자기라는 개체를 보다 쾌적한 상태로 유지하려는 목적에서 보면 오히려 마이너스라고 생각된다.

왜 그런 일을 일부러 하는가? 사람에 따라서는 자식을 기르는 것은 즐겁고 가족과 함께 있으면 행복하다고 느끼므로 결국은 스스로를 위한 것이라고 대답할지 모른다.

여기서 중요한 것은 자식, 가족이다. 적어도 대부분의 사람은 남의 자식이나 가족을 위하여 노동이나 고생하려고 하지 않는다.

즐겁게 느끼는 것은 어디까지나 자식을 남기는 일이며 남의 자손은 아니다.

결국, 개체의 모든 행동은 자식 또는 자손을 남기기 위해서라고 하면 어쩐지 이치에 맞는 것 같다.

그러나 정말 그럴까. 얼핏 보아 그럴듯하지만 실은 이것으로 아무래도 설명할 수 없는 행동이 많다.

개미 사회를 다시 알아보자. 개미는 고도로 진화된 곤충이며, 인간 사회와 비슷한 사회를 형성하고 있다. 곤충 중에서는 예외적으로 장수하며 10년 이상 사는 것도 있다.

그 사회는 여왕개미, 수개미, 일개미의 3개의 계급으로 나눠진다. 한 무리에 여왕은 한 마리뿐이며 새끼를 낳는 것이 유일한 일이다. 수개미는 날개를 가지고 있으며, 여왕개미와 결혼 비행을 하여 그녀에게 수정하는 것이 일이고 그 이외는 아무것도 하지 않는다. 그 때문에 수개미 수는 적다.

나머지 대부분이 일개미, 즉 워커(Worker)이다. 워커는 암컷인데 새끼를 낳지 않는다.

워커는 글자 그대로 새끼를 낳는 이외의 모든 일을 한다. 여왕개미와 수개미가 낳은 새끼를 돌보고 기르는 것도 중요한 일이다.

여왕개미가 알을 낳으면 그 알을 턱으로 물어 나른다. 그리고 기르는 데 알맞은 온도와 습도인 곳에서 주의 깊게 기른다. 알을 깨끗한 상태로 유지하기 위하여 알을 닦기도 한다. 알이 부화하여 성장하면 보육개미는 고치를 찢고 속에 있는 어린 개미를 밖으로 꺼내기도 한다.

이 보육워커는 일생을 알을 돌보는 일에 바친다. 다만 자기 자신은 알을 낳지 않는다.

워커라는 개체는 다른 개체가 낳은 새끼를 돌보고 기른다. 자기가 낳은 새끼를 위하여 일하는 것은 아니다.

이 보육워커의 행동을 그 개체에 어떤 이익을 가져다주는 것으로 설명할 수 없다. 개체를 중심으로 생각하면 이유를 잘 설명하지 못한다.

여기서 "개체는 유전자의 탈것(vehicle)에 지나지 않는다."라는 도킨스의 과격한 생각이 등장한다. 행동 주체는 개체가 아니고 유전자라고 생각한다.

워커의 행동을 개체가 아니고 유전자에서 보면 어떻게 합리적으로 잘 설명할 수 있는가?

그러기 위해서는 여왕개미, 수개미, 워커 각각의 유전자의 규성을 볼 필요가 있다(그림 5-2).

보통 동물은 2개의 유전자를 쌍으로 가지고 있으며, 1개는 수컷, 또 1개는 암컷으로부터 이어받는다. 인간은 23세트, 합계 46개의 유전자를 가지고 있다.

개미는 이 점에서 다른데, 암컷은 유전자를 쌍으로 가지고 있지만 수컷은 1개밖에 가지지 않는다.

즉, 수컷은 암컷의 유전자를 절반밖에 가지지 않는다. 같은 막시목(膜翅目: 얇은 날개가 있는 목)에 속하는 벌도 마찬가지다. 개

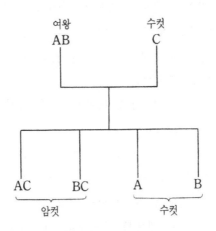

여왕
AB

수컷
C

AC   BC   A   B

암컷   수컷

〈그림 5-2〉 개미의 유전자

미는 흙속에 있는 벌이라고 생각해도 된다고 앞에서 얘기했다.

그래서 여왕벌의 유전자를 AB라고 하면 난자의 유전자는 A 또는 B뿐이다. 이 난자에 수컷의 정자 C가 수정하면 AC와 BC 라는 두 가지 타입의 암컷이 태어난다.

또 난자는 수정하지 않아도 그대로 성충이 되는데 이것이 수 컷이다. 즉, 이 수정란이 그대로 성장하면 수컷이 된다.

수개미는 암개미처럼 일을 하지 않는다. 수개미의 역할을 여 왕개미와 교미하는 것뿐이다. 여름이 되면, 어느 날 날아오른 여왕개미를 좇아 수개미들이 일제히 날아올라 그 중의 한 마리 또는 몇 마리만 여왕개미와 교미한다. 앞에서도 얘기하였는데, 이것을 개미의 결혼 비행이라고 한다.

성공적으로 교미한 수컷도, 그렇지 못한 수컷도 지상으로 내 려오면 금방 죽어버린다. 수컷은 단 한 번의 결혼 비행을 위하 여 성장하고 그것이 끝나면 동시에 일생을 마친다. 암컷의 충

실한 일생에 비하여 너무도 단순하고 가엾다.

하늘의 신혼여행에서 지상으로 돌아온 여왕개미는 날개가 떨어지고 흙속으로 파고 들어가 알을 낳는다. 그 중에서 암컷과 수컷이 태어나 암컷은 거의 모두 워커가 된다.

그러므로 개미 사회는 실은 막대한 수의 개체로 구성되어 있는 하나의 가족이다. 주인은 어머니인 여왕개미 한 마리고 나머지는 모두 형제들이다. 그런 의미에서 개미 사회라는 말은 정확하지 않고 엄밀하게는 가족이라고 해야 한다.

그럼, 왜 암개미는 자신의 새끼를 한 마리도 낳지 않고 자매들을 돌보기만 하는가?

그 답은 혈연도에 있다고 도킨스는 말한다. 즉, 유전자를 공유하고 있는 비율이 문제의 열쇠다.

워커끼리 유전자를 공유하고 있는 비율이 높다는 것은 〈그림 5-2〉를 보면 알 수 있다. AC와 BC라는 타입의 워커끼리 적어도 50퍼센트의 유전자를 공유하고 있다. 만일 AC와 AC였다면 유전자의 공유는 100퍼센트다.

이 두 가지 경우를 평균하면 워커끼리 혈연도는 75퍼센트, 즉 3/4이 된다. 놀라운 일은 이 값은 인간의 부모 자식 사이, 형제간의 혈연도인 1/2보다도 크다.

개미의 워커끼리 유대는 유전자에서 보면 대단히 강력하다는 것을 알게 된다.

워커가 자기 자매를 돌보는 것은 자기와 같은 유전자를 돌보는 것이다. 도킨스의 표현을 빌리면, 워커는 유전자가 자기를 증식시키기 위한 탈것에 지나지 않는다. 워커의 유전자는 다른 워커가 가진 자기와 같은 유전자를 돌보도록 워커를 조종한다.

136

암컷 중에서 한 마리의 여왕개미가 나타나서 다시 새끼를 남기는데, 이 여왕개미와 새끼들의 혈연도는 〈그림 5-2〉에서 알 수 있듯이 1/2이다. 즉 유전자 입장에서 보면 여왕개미와 새끼는 절반밖에 피가 이어지지 않는다. 워커인 암개미는 새끼를 낳지 않지만, 그 대신 새끼보다도 피가 진한 자매를 돌본다.

유전자를 주체로 생각하면 워커에 1/2의 확률로 자기와 같은 유전자를 돌보게 하는 것보다도 3/4의 확률인 유전자를 돌보게 하는 편이 득이라고 '판단'했다.

즉, 워커를 그렇게 행동하게 하는 유전자가 그렇지 않는 유전자보다도 도태상 유리하게 된다.

워커와 수컷 형제의 혈연도는 1/2이며 이 값은 인간의 형제 사이의 혈연도와 똑같다.

이 혈연도는 개미 워커끼리에 못 미친다고 해도 역시 돌보거나 기르는 데 충분하다는 것은 다른 동물의 예를 보아도 확실하다.

흥미로운 일은 일찍 죽은 아버지인 수개미와 새끼 수개미 관계이다. 〈그림 5-2〉를 보면 알 수 있는 것처럼 부모 자식이란 이름뿐이고 유전자상으로는 전혀 연결이 없다. 아버지의 유전자는 1/2의 혈연도로 암컷 새끼에게만 전달된다.

개미 세계에서는 아버지와 자식은 유전자적으로는 아주 남이다. 도킨스의 설에서는 아버지가 자식을 돌보는 일의 직접적인 메리트(merit)는 제로이다. 그러므로 아버지는 결혼 비행 후에 금방 죽어버리는지도 모르겠다.

개미는 곤충 무리지만 곤충의 조상은 약 4억 년 전에 태어났다. 그리고 개미와 벌은 약 3억 년 전에 가지가 나눠지고 각각

목장개미
(진딧물을 길러
영양을 얻는다)

수확개미
(식물의 종자를 모아서
생활)

건축개미
(썩은 나무에 깊은 구멍을
뚫고 산다)

균을 양식하는 개미
(가위개미로 나뭇잎 위에
균을 양식. 버섯을 먹는다)

노예 사냥하는 개미
(다른 개미알이나 유충을 훔쳐서
일을 시키기 위하여 사육한다)

식객개미

꿀단지개미
(젊은 개미 몸에 꿀을
채워 저장한다)

(숙주의 개미집 속에 작은
구멍을 파서 식객노릇을 한다)

〈그림 5-3〉 개미의 전문가들

진화해왔다. 그 때문에 벌과 개미는 아주 비슷하다. 벌도 개미
와 마찬가지로 여왕벌, 수벌, 암벌의 3종류가 있고 일벌은 모
두 암컷이다.

전부는 아니지만 어떤 종의 개미에는 병정개미가 있다. 병정
개미는 암개미가 더욱 특수화하여 머리부와 배부가 이상적으로
커진 개체이다. 다른 곤충을 덮쳐서 먹거나 이동할 때는 그 먹
이를 들고 다닌다. 보통 이동은 밤사이에 진행된다. 뜻밖에도
병정개미의 대부분은 눈이 보이지 않는다.

이 밖에도 개미에는 건축개미, 목장개미, 수확개미, 농업개미 등 전문가가 많다.

개미들이 자신의 재주를 이토록 고도로 발달시킨 것은 결국 혈연이 진한 자매들이 가지고 있는 자기와 같은 유전자를 돕기 위해서였다. 개체에는 글자 그대로 멸사봉공(滅私奉公) 이외의 아무것도 아니다.

3. 행동을 결정하는 유전자

유전자에 지배되는 동물 행동

유전자란 글자 그대로 생물이 부모로부터 자식에게 성질이나 형태를 전달하기 위한 것이다. 지금은 유전자가 DNA라는 화학 물질이라는 것이 알려졌다. 2장에서 설명한 것처럼 DNA를 구성하고 있는 염기의 배열 방식에 따라 여러 가지 유전 정보(암호)가 유지된다.

그런 유전자의 작용은 이에 그치지 않는다. 유전 정보를 가지고 있는 유전자는 구조 유전자(構造遺傳子)라고 부르는데, 이 유전 정보를 실제의 형질로 발현시키는 도중에 조절 유전자(調節遺傳子) 등이 작용한다. 조절 유전자란 유전 암호의 발현을 억제하거나 촉진하는 따위의 조절을 하는 유전자이다. 호메오틱 유전자[體節化遺傳子]라는 유전자가 발견되어 화제가 되고 있다. 예를 들면 노랑 초파리의 돌연변이 중 하나로 머리의 촉각(안테나)이 생겨야 할 곳에 다리가 생기는 일이 있다. 이 다리는 실은 가슴의 두 번째 몸마디에 있어야 하는 것인데, 이 변이는

호메오틱 유전자의 돌연변이에 의한 것임이 밝혀졌다. 즉 호메
오틱 유전자는 곤충류의 몸마디 분화를 결정하는 유전자군이
다. 왜 유전자군인가 하면, 예를 들면 체절* 부족이라는 유전
자 변이에서는 몸마디 수가 감소하며, 비소랙스(bithorax)라는
유전자 변이에서는 날개 수가 증가하는 것처럼 여러 가지 호메
오틱 유전자가 차례차례 발견되기 때문이다.

또한 이들 다수의 호메오틱 유전자에는 공통의 염기 배열이
있는 것도 발견되었다. 이 공통의 염기 배열을 '호메오박스'라고
한다.

호메오박스는 곤충만이 아니라 개구리, 닭, 생쥐 등 100종
이상의 생물에서도 발견되고, 사람 유전자 속에서도 발견되고
있다.

이렇게 되면 호메오틱 유전자는 단지 곤충의 체절 분화에만
머물지 않고 널리 생물의 형태 형성에 중요한 역할을 다하는
것이라고 생각해야 한다.

이렇게 이 10년쯤 사이에 유전자는 유전만이 아니고 분화(기
관형성)면에서도 중요한 작용을 하는 것이 밝혀졌다. 그럼 유전
자는 개체 형질뿐만 아니고 행동까지도 지배하는 것일까?

도킨스에 의하면 개체는 유전자의 단순한 탈것이므로 말할
것도 없이 행동도 그 지배하에 있게 된다.

생물의 행동이라지만 그 폭은 넓다. 아메바가 먹이를 먹는
일에서 인간이 유전자 연구를 하는 것까지 모두가 생물의 행동
이다.

이렇게 수없이 있는 생물의 행동이 모두 하나하나 유전자에

* 편집자 주: 절지동물, 환형동물 따위의 몸을 이룬 낱낱의 마디

대응한다고 생각하는 것은 분명히 무리가 있다.

유전자에 의한 행동이란 다른 말로 하면 본능에 의한 행동이다. 다른 동물이라면 몰라도 인간의 모든 행동이 본능적인 것이라고는 생각할 수 없다.

그러나 동물에서는 유전자에 의해 지배된다고 판명된 행동이 확실히 많다.

도킨스는 『연장된 표현형(表現型)』이라는 저서에서 W. C. 로젠브러에 의한 꿀벌 연구에 관해 언급했다. 로젠브러는 꿀벌의 '위생 행동'이라고 부르는 특수한 행동이 2개의 유전자의 차에서 생기는 것을 증명했다.

브라운 계통의 꿀벌은 병이 난 유충을 없애는 행동을 한다. 이것으로 집이 위생적으로 유지되므로 위생행동이라고 한다.

이 행동은 병이 난 유충이 들어 있는 방의 뚜껑을 떼는 행동과 그 유충을 제거하는 두 가지 행동으로 이루어진다.

로젠브러에 의하면 이 두 행동에는 특정한 2개의 유전자가 관계한다.

반 스코이 계통의 꿀벌은 이러한 위생 행동을 하지 않는다. 로젠브러는 반 스코이계와 브라운계의 꿀벌 유전자를 분석한 결과, 이런 결론에 도달했다.

여기에서 주의해야 할 일은 위생 행동은 말할 것도 없이 2개의 유전자로 생기는 것이 아니다. 위생 행동에는 우수한 근육이나 신경이 관여하고 있으며, 따라서 많은 유전자가 관계한다.

로젠브러가 밝힌 것은 위생 행동을 하거나 하지 않는 행동의 차이는 2개의 유전자의 차로 결정된다는 것이다.

로젠브러의 연구로 꿀벌의 위생 행동은 유전자에 의해서 조절된다는 것이 실제로 증명되었다.

반 스코이 계통의 꿀벌도 때로는 위생행동을 하는 일이 있다. 다만 브라운계보다도 횟수가 적다.

그러므로 실로 브라운계와 반 스코이계는 모두 위생 행동을 하는 공통 조상으로부터 진화했다고 생각된다. 이 생각으로는 반 스코이계의 꿀벌에는 위생 행동을 일으키는 기구를 방해하는 유전자가 있을 가능성도 있다.

어느 쪽이든 위생 행동을 지배하는 유전자는 2개다.

로젠브러가 증명한 유전자에 의하여 지배되는 행동은 다른 동물 사이에도 많이 있다고 생각된다.

개미 행동도 실로 다양하다. 여왕개미가 낳은 알 중에서 식량으로 하는 버섯 재배, 달콤한 즙을 빨아먹기 위한 진딧물의 목축, 다른 개미를 덮쳐서 알을 빼앗고 길러 노예로 하는 등 그 행동은 인간이 무색할 정도이다.

인간이 하고 있는 농업이나 목축이 본능적인 행동이 아닌 것은 분명하다. 사냥 본능, 생산 본능이 있다고 해도 아무것도 배우지 않은 사람은 아마 농업이나 목축은 하지 않을 것이다. 인간에게 이들 행동은 전통이나 문화 소산이지 직접 유전자의 명령으로 하는 것이 아니다.

개미의 경우는 어떤가. 얼핏 보아 인간과 비슷한 고도의 '기술'을 구사하는 것 같지만, 이것은 직접 본능에 따라 행동하는 것임이 틀림없다. 개미는 유전자에 의해서 농업이나 목축을 한다.

개미 행동이 본능적이라는 것을 나타내는 재미있는 실험이 있다.

병정개미는 다른 곤충을 덮쳐서 그것을 먹거나 식량으로 사용하기 위하여 운반하는 역할을 하는 개미이며, 눈에 보이지 않는다는 것은 앞에서 설명했다.

이동은 낙엽 밑을 지나가며 더군다나 밤사이에 이루어지므로 눈이 필요 없다.

병정개미는 냄새와 촉각에만 의지하여 이동한다. 앞에 있는 개미가 길에 묻힌 냄새를 쫓아 뒤에 있는 개미가 움직인다. 앞 개미에 부딪칠 때의 촉각도 길잡이의 하나이다.

실험에서 먼저 둥근 접시를 놓는다. 접시 속에는 병정개미를 끌어들인 물건이 들어 있다. 장님인 병정개미는 이 접시 주위를 돌기 시작한다.

한 무리의 개미가 주위를 돌기 시작하면 냄새가 그 길에 따라 묻는다. 뒤를 따르는 개미는 그 냄새와 앞의 개미의 촉각에 따라 역시 주위를 돌기 시작한다.

이리하여 접시 주위를 병정개미가 큰 무리를 지어 원을 그리면서 반영구적인 운동을 계속한다.

보통 개미가 살고 있는 곳은 지형이 불규칙하여 이러한 단순한 원주 운동이 일어나는 일은 있을 수 없다.

그러나 우연히 이런 운동이 관찰된 예가 있다. 그 병정개미 무리는 어떤 우연한 계기로 원주 운동을 하게 된 것이다. 그 행군은 얼마 동안 계속되었는데, 걸음걸이가 점점 느려지고 끝내는 개미 전부가 죽였다고 한다.

이 예에서 알 수 있듯이 대부분의 개미의 행동은 본능적인 것이다. 빙글빙글 돌고 있는 병정개미는 단지 앞쪽 개미와 그 개미가 묻힌 냄새에 따라 행동하고 있을 뿐이다. 다른 길을 선

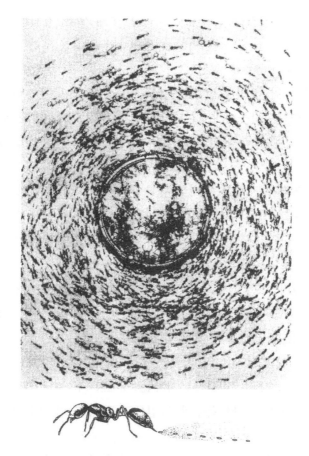

〈그림 5-4〉 병정개미의 원주운동. 냄새를 따라 차례차례로 원
운동에 들어간다

(라이프/네이처 라이브러리 『곤충』에서)

택할 수는 없다. 일종의 로봇과 같은 것이며 그 로봇의 행동을
프로그램 하는 것은 유전자다.

본능에 따른다고는 하지만 개미의 행동은 놀랄 만큼 고도로
발달되어 있다.

앞에서는 얘기했지만 미국 텍사스 주에 있는 가위개미는 지하에 있는 자기 집에서 버섯을 재배하여 그것을 먹는다. 즉 버섯 재배라는 농업을 경영한다.

버섯을 위한 영양은 잎사귀이고 이것은 개미가 날라 온다. 어떤 개미는 나뭇잎의 일부를 잘라 떨어진 잎을 잘게 씹어서 부수어 집에 날라 온다. 다른 개미는 잎 조각을 갉아서 그것을 나른다.

가위개미가 재배하는 버섯 종류는 정해져 있고, 먹이로 하는 잎도 정확하게 골라서 갉아 놓는다. 가위개미의 잎사귀 사냥은 무시무시하여 하룻밤에 한 그루의 나무를 벌거벗게 만든다.

그러므로 그 지역에서 가위개미는 해충으로 본다.

가위개미는 버섯의 생육 조건을 충분히 알고 있는 것 같고, 온도나 습도가 가장 알맞은 방에서 버섯을 재배한다. 잡균이 버섯에 붙지 않게 위생 상태에도 신경을 쓴다.

인간은 실험실에서 이 버섯 균을 배양할 수는 있어도 포자를 만들 수 없으므로 버섯 그 자체는 재배할 수 없다. 그런데 개미는 그 균으로부터 특수한 방법으로 포자를 만들어 버섯으로 기른다.

인간은 머리를 쓰고 '과학'이라는 무기를 사용해도 불가능한 것을 개미는 본능적으로 해낸다. 이 버섯 재배에 한해서는 인간의 두뇌보다도 가위개미의 유전자 쪽이 훨씬 '영리'하다.

텍사스에 있는 개미는 버섯 재배보다도 더 고도의 '농업'을 경영하고 있다. 그들은 개미총 속의 저장 창고에 작은 종자를 저장한다. 그리고 그 종자가 발아하면 집 밖으로 가져간다. 종자는 거기에서 자라 식물이 되어 더 많은 종자를 맺는다. 개미는 그 종자를 다시 수확하여 같은 일을 되풀이한다.

아마 인간은 관찰과 경험의 축적으로 종자가 발아하여 식물이 되고, 다시 종자가 되는 것을 배웠다. 그 지식을 이용하여 농업을 발명했다. 인간에게 농업은 완전히 의식적인 행동이다.

개미는 같은 일을 상당히 높은 수준으로 할 수 있는데 그것은 어디까지나 유전자에 의한 본능적인 행동에 불과하다.

인간은 진화하면서 여러 가지 본능의 유전자를 버렸다. 만일 문화라든가 전통이 일체 없어져 버렸다면 우리는 실로 약한 생물에 지나지 않을 것이다.

4. 유전자에 조작되는 생물

유전자를 위한 희생적 행위

해밀턴이나 도킨스는 현재 어떤 생물이 존재하는 것은 그 생물의 유전자가 자연도태에서 살아남았기 때문이라고 주장한다.

그리고 그 유전자의 목적은 단지 하나, 살아남으려는 것이다.

여기서 결정적으로 중요한 일은 유전자의 목적은 단지 자기 자신이 살아남는 것이며, 단순한 탈것에 지나지 않는 개체가 살아남는 것이 아니다.

이것은 유전자와 개체가 같은 것이 아니므로 당연하다. 인간을 예로 들면 사람의 유전자는 모두 쌍을 이루고 한쪽은 어머니, 나머지는 아버지에게서 이어받은 것이다.

그러므로 지금 어떤 하나의 유전자에 주목하여 그것이 어머니에게서 유래한 것이라면, 그 유전자는 본인과 어머니 양쪽에

146

존재하고 있는 유전자이다. 그리고 그 어머니의 부모까지 거슬러 올라가면 다시 그 어느 쪽에 존재하던 것이다.

이렇게 유전자는 같은 것이 많이 존재하고 있고 할아버지, 어머니, 자식 등도 다른 개체, 즉 다른 탈것에 따로 나누어 탄다.

세균과 같은 하등 동물에는 수컷과 암컷의 성 차이가 없다. 세균은 단순한 세포 분열에 의하여 증식한다.

그 때문에 증식한 세균은 같은 유전자를 가진다. 이런 개체를 클론(clone)이라고 한다. 개체라는 관점으로는 이들 세균은 복수이며 각각이 생명을 가지고 있는데, 유전자에서 보면 실은 단지 하나의 '생명'이 있는 것에 지나지 않는다. 하나의 '생물'이 많은 세균이라는 탈것에 깃들고 있다.

만일, 꼭 같은 유전자를 가진 인간이 있다면 그것은 클론 인간이며 유전자로는 서로 분신(分身)이다. 일란성 쌍생아는 바로 이 클론 인간이다.

모든 개체가 서로 전혀 다른 유전자를 가지고 있으면 유전자와 개체는 일치하는데 실제로 그렇지 않다. 많든 적든 일정한 유전자를 공유하고 있다.

이런 사실로부터 도킨스가 주장하는 '자기희생'이라는 행동의 합리적 해석이 태어난다.

간단하게 말하면, 개체의 자기희생적 행동이란 어떤 그룹의 유전자(자기 복제 또는 혈연)가 자기들 전체의 이익을 꾀하기 위하여 분승하고 있는 어떤 탈것을 희생하는 일이다. 즉, 전체를 위한 부분의 희생이다.

클론인 세포인 경우에는 1개나 2개의 세포가 죽어도 별 문제가 없다. 나머지 세균에서 유전자가 살아남기 때문이다. 1개의 세균이 죽고 나머지 세균이 그 손실을 보상하고 남는 이익을 얻으면 그 세균은 오히려 적극적으로 '자살'하는 행동을 취할 것이다. 왜냐하면 그런 '자살' 프로그램을 가지고 있는 유전자의 세균은 전체로서는 번영하여 그 유전자를 늘릴 수 있기 때문이다.

동물의 행동을 보면 그러한 희생적 행동이 실제로 존재한다. 이제부터 설명하는 그 구체적 예는 도킨스의 저서 『연장된 표현형』에서 소개하고 있는 것이다.

학명이 디크로코엘리움 덴트리티쿰이라는 기생충이 있다. '뇌충(腦蟲)'이라는 별명대로 개미 뇌에 기생하는 일이 있다.

뇌충의 생활사는 복잡하다. 먼저 달팽이에 기생하고 다음에 개미로 옮긴다. 최종 제3의 숙주는 양이다. 뇌충은 기생하는 상대를 차례차례 바꿔 성장해 간다.

여기서 문제가 되는 것은 개미에서 양으로 옮기는 방법이다. 이것은 뇌충이 기생한 개미를 양이 풀과 함께 먹는 것으로 이루어진다. 보통 개미는 풀 위뿐만 아니라 여러 곳을 돌아다니기 때문에 좀처럼 양에게 먹히지 않는다. 그런데 뇌충이 기생한 개미는 턱으로 풀을 문 채 가만히 잠자는 듯이 하고 있다. 그러므로 풀과 함께 양에게 먹힐 확률이 높아진다.

한 마리의 개미에는 많은 뇌충이 감염한다. 그 감염한 뇌충 가운데 한 마리는 개미 뇌에 이르러 신경의 일부를 파괴한다. 신경이 파괴된 개미는 풀을 물고 가만히 있는 이상한 행동을 취한다. 이 이상한 행동 때문에 양에게 쉽게 먹힌다.

개미 뇌에 이른 뇌충은 죽어 버린다. 그러나 이 뇌충 한 마리의 희생적 행동 덕분에 그 개미에 감염한 뇌충 패거리는 무

148

〈그림 5-5〉 나무껍질 표면에 생긴 혹

사히 양의 몸속으로 이동할 수 있게 된다.

인용되어 있는 관찰에서는 한 마리의 개미에 감염한 뇌충은 약 50마리다. 관찰자는 이 약 50마리의 뇌충은 같은 유전자를 가진 클론일 것이라고 설명했다. 클론이면 뇌충 한 마리가 희생되어도 나머지 뇌충의 같은 유전자는 모두 양으로 옮겨 가서 살아남기 때문에 전체로서는 큰 이익이 있다. 뇌충은 자기 생명을 걸고 형제를 돕는다.

다음은 더 하등한 세균이라기보다 유전자 그 자체의 희생적 행동의 예다.

크라운 골(gall)이라는 식물의 암이 있다. 이 암은 근두균(根頭

菌)이라는 세균에 의해 생기며 식물의 뿌리에 혹을 만든다. 바이러스에 의한 혹은 흔하지만 세균에 의해서 생기는 암은 드물다.

이 근두균에는 Ti플라스미드라는 특별한 유전자가 들어 있다. 세균류는 원핵생물이라 하여 막에 싸인 진정핵을 가지지 않고 원래의 유전자 외에 플라스미드라는 작은 원형 유전자도 가지고 있다. 한편, 고등 생물은 진핵 생물에 속하며 유전자는 핵이라는 어떤 일정한 모양으로 세포에 존재할 뿐이며 플라스미드는 가지지 않는다.

문제는 이 Ti플라스미드의 기능과 그 희생적 행동이다.

원형 유전자인 프라스미드는 균에서 균으로, 또 균에서 다른 생물로 이동할 수 있는 불가사의한 성질을 가지고 있다.

근두균의 Ti플라스미드도 균에서 식물 세포로 자유롭게 이동할 수 있다. 물론 그 중에는 Ti플라스미드를 가진 근두균도 있다.

Ti플라스미드는 두 가지 작용을 한다. 하나는 감염한 식물에 혹, 즉 암을 일으킨다. 따라서 Ti플라스미드를 가지지 않는 근두균은 혹을 만들지 않는다.

제2의 작용은 감염한 식물에 오핀이라는 물질을 만들게 한다. 오핀은 불가사의하게도 그것을 만드는 식물에는 아무 소용이 없는 물질이다. 그러나 그것은 Ti플라스미드를 가진 근두균을 늘리는 작용을 한다.

즉 Ti플라스미드는 식물의 세포 속으로 들어가 오핀을 만들게 하여 근두균을 증식시키고, 나아가서는 다른 Ti플라스미드를 늘리는 것을 돕는다.

식물 세포 속으로 들어간 Ti플라스미드 자체는 오핀의 이익을 받지 않는다. 그 식물 세포가 죽을 때, 자기도 함께 죽는다. 이익을 받는 것은 혹 속에 자리 잡은 근두균이며 근두균 속의 Ti플라스미드다.

식물 세포 중의 Ti플라스미드의 희생적 행동으로 다른 Ti플라스미드가 번영한다.

연장된 표현형

Ti플라스미드는 보통 때는 근두균 속에서 균의 유전자와 같은 작용을 한다.

즉 Ti플라스미드는 근두균의 유전자인데, 그와 동시에 감염한 식물 세포에 오핀을 만드는 작용을 하고 있다. 이렇게 Ti플라스미드의 작용은 근두균에만 아니고 식물에까지 연장되어 있다.

여기서 '개체는 유전자의 탈것', '자기희생'에 이어지는 리처드 도킨스의 제3의 주제 '연장된 표현형'이라는 개념이 나온다. 도킨스는 이 개념을 '유전적 원격 작용'이라고도 표현하고 있다.

개체는 유전자의 탈것에 지나지 않는다는 것은 개체의 행위는 유전자에 의해서 지배되고 있다는 것과 마찬가지다.

그러나 유전자는 자기가 살아남기 위하여 개체만이 아니고 종을 넘어 다른 생물을 컨트롤하는 경우가 있다. 이것을 연장된 표현형이라고 한다는 것은 이미 설명했다.

표현형의 연장은 반드시 생물에 한정하지 않고 생물이 만드는 어떤 '물건'이라도 좋다. 도킨스는 비버가 만드는 댐이나 거미집을 그 예로 들었는데, 여기서는 비버의 댐에 관해 생각해 보자.

잘 알려진 것같이, 비버는 강 속에 둥지를 만들고 그 근처에

댐도 만든다. 댐은 비버 스스로 잘라 넘어뜨린 나무를 쌓아 만든다.

1개의 댐을 만드는 데는 몇 마리의 비버가 협력한다. 댐은 물을 막고 광대한 영역을 침수시킨다.

비버가 침수된 곳에 댐을 건설하는 것은 이동이 쉽고 안전하기 때문이다.

그럼 누가 댐을 만드는가?

비버지 누구냐고 하는 답이 되돌아오겠지만 그렇지 않다.

도킨스에 의하면 댐을 만드는 것도 유전자다. 유전자 덕분에 비버는 먹을 수 있고 헤엄도 칠 수 있는데 댐을 만들 수 있는 것도 마찬가지다. 비버의 몸이나 행동이 유전자의 표현이라면 댐도 틀림없이 유전자의 표현이라고 한다.

댐은 거대하고 또한 나무라는 외부 재료로 되어 있으므로 유전자의 표현형이라고 하기에는 무리가 있다고 생각할지 모르나 논리적으로는 그렇게 된다.

마찬가지로 생각하면 새 둥지나 거미집도 연장된 표현형이다. 유전자는 자기 기능을 개체가 생활하고 있는 장에서 멀리 떨어져 있는 곳까지 연장할 수 있다.

다른 생물에 작용하는 원격 작용의 예로서 도킨스는 달팽이의 기생충인 흡충류를 소개하고 있다. 흡충류가 기생하고 있는 달팽이는 기생하지 않는 달팽이보다도 두꺼운 껍질을 가지고 있는 것이 알려져 있다.

이유는 여러 가지로 생각되는데, 그 중 하나로서 기생하고 있는 벌레가 달팽이에게 어떤 작용을 미쳐 두꺼운 껍질을 만든다는 것이다. 즉 기생하고 있는 흡충의 유전자가 흡충과 달팽

〈그림 5-6〉댐 짓기를 잘 하는 비버. 도킨스에 의하면 댐을
만드는 것은 비버가 아니고 유전자라고 한다

이라는 두 생물을 조작하고 있다. 흡충 유전자가 달팽이의 유
전자와 협력하여 그 표현형을 껍질 두께까지 연장했다고 생각
된다.

두껍게 하는 이유는 두껍게 하는 편이 유전자를 방위하는 데
유리할지 모르기 때문이다. 보통 두께의 껍질로는 달팽이에게
는 충분해도 기생하고 있는 흡충에게는 너무 얇다.

너무 두꺼운 껍질을 만들면 달팽이에게는 부담이 크기 때문
에 달팽이, 나아가서는 흡충에게도 불리하다. 그러므로 적당한
두께의 껍질이 생기게 되었다고 생각한다.

버버의 댐이 복수인 비버의 유전자 표현형인 것과 마찬가지
로 달팽이 껍질은 달팽이와 흡충이라는 두 생물 유전자의 한

표현형이다.

그러나 지금까지의 의론은 관찰된 사실에 기초한다고 해도 어디까지나 하나의 가설 위에 선 '설명'에 지나지 않는다. 그 가설이 '연장된 표현설'이라는 생각이다.

진짜 과학적 이론은 '설명'뿐 아니고 미지의 사실에 대한 예언도 가능해야 한다. 그렇지 않으면 보편성이 있는 이론이라고 말할 수 없다.

도킨스는 이런 것을 충분히 의식하고 달팽이에 관하여 다음과 같이 재미있는 예언을 하고 있다.

흡충이 높은 비율로 달팽이에 감염된 지역과 흡충이 전혀 존재하지 않는 지역의 달팽이를 비교한다.

흡충이 많이 감염된 지역의 달팽이는 껍질이 자꾸 두꺼워지므로 그 두께를 줄이려고 하는 유전자를 동시에 가지고 있을 것이다. 이렇게 껍질 두께를 줄이려고 하는 유전자를 가진 달팽이에게 만일 흡충이 감염하지 않으면 달팽이 껍질은 두껍게 되지 않고 오히려 얇아진다.

그 때문에 감염 지역의 달팽이 대부분은 두꺼운 껍질이고 나머지는 얇은 껍질이 되고, 흡충이 없는 지역의 달팽이 껍질 두께는 감염 지역의 달팽이 껍질의 중간이 될 것이다. 정말로 이 예언은 맞을까?

5. 유전자의 살아남기 전략

새끼 시중도 유전자의 명령

집게벌레의 일종에 흑집게벌레가 있다. 이 곤충의 암컷은 돌 밑 등에 알을 낳은 뒤에도 새끼가 태어날 때까지 개미 등의 포식자로부터 알을 지킨다.

얼마 후 알에서 부화된 새끼들은 놀랍게도 살아 있는 어미의 몸을 먹어버린다. 그때 흑집게벌레의 어미는 전혀 저항하지 않고 달아나려고 하지도 않는다. 흑집게벌레의 어미는 새끼들에게 스스로 먹힌다.

흑집게벌레의 어미는 자기 몸을 희생함으로써 갓 태어난 새끼들에게 처음 먹이를 줄 수 있는 것이다. 틀림없이 이런 어미의 희생적인 행동은 동물의 개체에서 가장 중요한 것이 개체의 생명 유지임을 생각하면 아무래도 불가사의한 행동으로 보인다. 그러나 갓 태어난 새끼들의 생존율을 높이는 점에서 보면 희생보다는 어미의 투자라고 생각된다.

자연이라는 냉혹한 환경에서 자기 자신의 유전자를 조금이라도 많이 남기고 싶은 암컷에게는 이런 희생은 필요한 일인지 모른다. 이것을 흑집게벌레 어미의 행동이라고 생각하기 때문에 큰 희생이라고 생각되나 유전자 자체의 살아남기 전략이라고 생각하면 흑집게벌레의 행동은 매우 합리적이다. 무엇보다도 흑집게벌레 어미는 유전자의 탈것에 지나지 않기 때문이다.

일반적으로는 알이나 새끼 시중을 하는 것은 암컷의 역할이다. 전갈의 어미는 새끼를 지키기 위하여 자기 등에 그것을 업으며, 많은 새는 암컷이 알을 품는다. 포유류에서도 어미가 새

〈그림 5-7〉 가시고기 수컷. 오른쪽 아래에 둥지가 보인다

끼 시중을 드는 경우가 압도적으로 많다.

그러나 여러 동물 중에는 암컷이 아니고 수컷이 알이나 새끼 시중을 드는 경우가 있다. 특히 물고기 무리에는 수컷인 아버지가 시중드는 것이 많다.

앞에서 얘기한 것과 같이 가시고기 수컷은 자기가 만든 둥지 속에 암컷을 유인하여 알을 낳게 하면, 그 뒤는 아가미에 의한 '물 부채질 운동'으로 알에게 신선한 산소를 보낸다. 부화되고 나서도 새끼를 많은 적으로부터 지키거나 미아가 된 새끼를 입 속에 넣어 보호함으로써 실로 정성스러운 아버지가 된다.

자리돔이라는 물고기의 아버지는 새끼를 어느 일정한 크기가 될 때까지 자기 입 속에 넣어서 보호한다. 또 해마의 수컷 배에는 자루가 있어서 암컷은 그 자루 속에 알을 낳는다. 아버지

156

〈그림 5-8〉 해마. 암컷은 수컷의 배에 알을 낳고
수컷은 그것을 지킨다

는 알이 부화할 때까지 어미 대신 시중을 든다.

개구리 무리에도 수컷이 알을 지키는 경우가 있다. 유럽 남부에 널리 서식하는 산파개구리의 아버지는 40개의 정도의 알을 허리에 붙이고 지킨다. 알을 부화하여 올챙이가 되고도 올챙이를 여러 적으로부터 지킨다.

아프리카 식용개구리의 아버지도 알이나 올챙이를 포식하려는 적에 대해서는 격렬하게 공격한다.

반시류(半翅類: 매미목)에 속하는 곤충에도 수컷이 알 시중을 드는 것이 많다. 물장군의 수컷도 새끼가 태어날 때까지 알을 적으로부터 지킨다.

또 물자라라는 매미 목의 수생 곤충은 알을 등에 업는다. 물자라의 암컷은 수컷 등에 알을 낳는다. 알이 부화하여 새끼가 태어날 때까지 물자라의 아버지는 등에 알을 업고 산다.

이런 행동을 보면 어쩐지 인간의 '엄처시하(嚴妻侍下)'나 '공처가(恐妻家)'를 연상하게 되는데, 수컷은 반드시 암컷을 무서워하거나 좋아서 새끼를 돌보는 것은 아니다. 수컷으로서는 자기 유전자를 조금이라도 많이 남기기 위해 알이나 새끼 시중을 들며 적으로부터 지킨다.

새끼 시중을 드는 수컷 개체는 유전자의 탈것에 지나지 않는다. 도킨스의 말을 빌리면 수컷 유전자에 부수하여 새끼를 시중하는 유전자가 있다는 것이 된다. 유전자의 살아남기 전략이라는 입장에서 보면 수컷이 새끼 시중을 드는 것이 좋은 경우가 많다.

유전자에 의한 속임수 기술

앞에서도 얘기했지만 뻐꾸기가 다른 새 둥지에 알을 낳고 자기 새끼를 다른 새에게 기르게 하는 탁란(托卵)*이라는 행동이 있다. 이런 뻔뻔스러운 짓을 하는 동물은 뻐꾸기뿐 아니고 물고기 무리에도 있다.

서일본의 하천에 살고 있으며 꺽저기라는 물고기의 세력권에 알을 낳고, 그 알을 꺽저기에 시중들게 하는 돌고기가 그 뻔뻔스러운 물고기다.

꺽저기의 수컷은 뚜렷한 세력권을 가지고 있다. 수컷 꺽저기는 세력권 속에 있는 갈대 아랫면에 배를 문질러서 줄기에 붙은 말 등을 청소한다. 그러고 나서 암컷이 산란하러 오는 것을 기다린다. 얼마 후에 꺽저기의 암컷이 와서 갈대 줄기에 2열로 알을 낳으면 수컷이 알에 방정(放精)하여 암컷을 세력권에서 추

---

* 편집자 주: 어떤 새가 다른 종류 새의 집에 알을 낳아 대신 기르도록 함

방한다.

　그리고 수컷은 다시 다른 암컷이 알을 낳으러 오는 것을 기다린다. 이리하여 수백 개의 알을 세력권 안에 낳 꺽저기의 수컷은 이 많은 알을 지킨다.

　수컷 꺽저기는 적에 대한 공격성이 아주 강하다. 꺽저기의 알은 15일에서 20일 사이에 부화하는데, 태어난 새끼는 잠시 동안 세력권 속에 머문다. 그 동안 꺽저기 아버지는 세력권 안으로 들어오려는 물고기가 나타나면 공격을 가하여 세력권 밖으로 쫓아낸다.

　한편, 돌고기는 잉엇과의 물고기이며 동작이 아주 민첩하다. 돌고기를 관찰한 오사카(大阪) 대학의 바바(馬場玲子)에 의하면 돌고기는 꺽저기가 산란한 대강 2~4일 후에 떼를 지어 세력권에 들어와서 꺽저기가 교란된 틈을 노려 같은 갈대 줄기에 알을 낳는다. 돌고기가 꺽저기의 세력권 안에 산란하는 것은 꺽저기의 아버지가 자기 알을 보호하는 행동을 이용하기 위해서다. 실제로 꺽저기의 아버지를 없애 보니 돌고기의 알은 모두 포식자의 희생이 되었다고 한다.

　이렇게 돌고기는 자기 알의 보호를 꺽저기의 아버지에게 맡기고 있다.

　이것은 돌고기가 새끼를 기르는 것을 싫어해서가 아니라 단지 유전자의 탈것인 돌고기가 이기적인 유전자의 살아남기 전략에 따라 행동한다고 간주하는 것이 도킨스의 생각이다.

　즉 돌고기의 뻔뻔스러움은 뻔뻔스러운 유전자가 있기 때문이다. 물론 그것은 제멋대로 뻔뻔스럽다고 생각하고 있는 것에 지나지 않는다.

캐나다의 토론토 대학의 M. R. 그로스는 블루길이라는 물고기의 '스니킹 행동'에 관해 재미있는 연구를 했다. 스니킹 행동은 세력권을 가지고 있는 강한 수컷의 틈을 노려 세력권을 가지고 있지 않은 약한 수컷이 그 세력권에 침입하여 암컷이 낳은 알에 방정 하는 행위다. 이런 스니킹 행동을 하는 수컷 개체를 '스니커(살금살금 행동하는 녀석)'라고 부른다.

블루길의 수컷에는 자기 세력을 가지고 그 안에서 암컷이 낳은 알을 지키는 강한 '보호 수컷'과 수초나 말* 사이에 모습을 숨기고 암컷이 산란한 순간에 재빨리 방정하는 스니커인 약한 수컷이 있다. 블루길 수컷의 대략 80퍼센트는 보호 수컷이며 성숙하기까지 7~8년 걸린다. 반면 스니커는 2~3살로 성숙하는데 보호 수컷에 비해서 훨씬 작다.

스니커의 몸은 암컷과 같은 정도로 크기로 무늬도 아주 닮은데다 행동까지도 암컷과 똑같다. 그 때문에 보호 수컷은 스니커를 암컷으로 잘못 알고 자기 세력권에서 추방하지 않는다. 스니커는 암컷 노릇을 하면서 보호 수컷이라는 연적(戀敵)의 허를 찔러 자신의 새끼를 남길 수 있게 된다.

이런 블루길의 스니킹 행동에서도 알 수 있는 것처럼 이기적 유전자가 자기 자신을 남기는 방법은 결코 단순할 수 없다. 약자는 약자 나름으로 교묘히 강자의 허를 찌르지 않고서는 자기 유전자를 남기지 못한다.

이들의 교묘한 행동은 본능이므로 유전자가 지배한다. 자연계에서는 유전자끼리 서로 치열하게 속이려 한다고 보는 것이 도킨스의 해석이다.

---

* 편집자 주: 물에서 나는 꽃을 피우지 않는 은화식물을 통틀어 이르는 말

새끼 죽이기라는 유전자의 살아남기 전략

불과 20년쯤 전까지는 동물이 종 내에서 서로 죽이는 것은 매우 예외적인 일이라는 것이 생물학의 상식이었다.

다윈의 진화론에 의하면, 같은 종에 속하는 개체끼리 서로 죽이면 그 종의 생존과 증식에 아주 불리하게 된다. 그 때문에 '종내 죽이기' 따위를 하는 동물은 진화 과정에서 도태되어 버린다고 여겨져 왔다.

그런데, 교토(京都) 대학의 스기야마(杉山幸丸)가 1962년에 인도의 하누만 랑구르라는 원숭이의 개체군에서 '종 내 새끼 죽이기'라는 행동이 비교적 보통으로 일어나는 것을 발견했다. 그때까지 이상한 행동으로 여겨 왔던 종 내에서의 새끼 죽이기가 하누만 랑구르의 사회에서는 결코 이상 행동이 아니었다.

처음에는 반신반의했던 세계의 학자들도 1970년대에는 하누만 랑구르의 새끼 죽이기라는 스기야마의 발견을 진지하게 검토하게 되었다.

하누만 랑구르는 한 마리의 수컷과 몇 마리의 암컷이 무리를 짓고 산다. 이 하누만 랑구르의 무리에는 세력권이 있는데, 그 중에는 무리를 만들지 못한 수컷이 있다. 무리에서 떨어진 고독한 수컷들은 언제나 무리의 우두머리인 수컷을 노리고 있다.

무리를 지배하고 있는 수컷을 덮쳐서 감쪽같이 가로채기에 성공한 하누만 랑구르의 수컷은 자기 것으로 만든 암컷들과 차례차례 교미하여 자기 새끼를 남기려고 한다.

그러나 무리의 많은 암컷들은 그때까지 지배자였던 이전 수컷의 새끼를 데리고 있다. 특히 1살 미만의 젖먹이가 있는 암컷은 젖먹이에게 수유하고 있는 중이므로 호르몬 작용에 의해

〈그림 5-9〉 산란 중의 블루길. 맨 뒤의 큰 것이 성장한 수
컷. 맨 앞의 것이 암컷인데, 가운데에 암컷과 비
슷한 젊은 수컷이 있다(M. R. 그로스에 의함)

서 발정하지 않는 상태에 있다.

모처럼 무리를 빼앗아도 요긴한 암컷이 발정하지 않으면 수
컷은 자기 새끼를 낳을 수 없다. 그래서 무리를 빼앗은 하누만
랑구르의 수컷은 새끼를 안고 달아나는 어미를 몰아세우고 젖
먹이를 빼앗아 물어 죽인다. 이런 행동은 1살 미만의 젖먹이를
모두 죽일 때까지 일어난다.

젖먹이를 잃은 하누만 랑구르의 어미들은 젖의 분비가 멎고
1주일에서 1개월 후에는 다시 발정한다. 이러하여 새로운 무리
의 지배자인 수컷은 무리의 암컷과 교미할 수 있게 된다. 그
결과, 반년이 지나면 무리 중의 대부분의 암컷은 새 리더의 새

끼를 낳고 새로운 무리가 형성된다.

하누만 랑구르의 무리 주위에는 반드시 무리를 노리는 수컷이 있어서 이런 수컷에 의한 가로채기는 일상적인 사건이라고 한다.

이러한 하누만 랑구르의 새끼 죽이기라는 뜻밖의 행동도 이기적인 유전자의 살아남기 전략으로는 납득이 간다. 새로 무리를 차지한 새 리더의 수컷으로 보면 종의 보존 따위는 뒤로 미루고 먼저 자기 유전자를 남기려고 하는 것은 당연하다.

먼저 리더의 새끼를 키우는 것은 자기 이외의 유전자를 늘리는 것과 같다. 더욱이 자식 이외의 젖먹이를 기르기 위해서 암컷이 발정하지 않는다면 곤란한 일이다. 따라서 먼저 리더의 새끼를 죽여 버리는 것도 당연한 일인지 모른다.

하누만 랑구르에서 볼 수 있는 것과 똑같은 새끼 죽이기는 동아프리카의 세렝게티 대평원에서 살고 있는 사자에서도 관찰되고 있다. 또 영장류에서도 새끼 죽이기가 차례차례 발견되어 지금은 155종류의 영장류 중 20종에서 새끼 죽이기가 인정된다.

마운팅 고릴라에서는 무리 가로채기보다 무리에 가까이 온 수컷에게 새끼가 살해되고 그 수컷을 따라가는 것이 관찰되고 있다. 동아프리카의 침팬지에서도 새끼 죽이기가 발견되었다. 침팬지의 젊은 수컷은 어떤 무리에서 다른 무리로 이주하는 일이 있는데, 그때 어미가 데리고 있던 수컷의 젖먹이는 새로운 무리의 수컷이 죽여서 먹어치운다.

동물뿐 아니고 곤충에서도 마찬가지다. 물장군 수컷이 알 시중을 하는 것은 이번 장의 첫머리에서 얘기했다. 사실 물장군 수컷은 암컷보다 상당히 몸이 작다. 그 작은 수컷이 열심히 알을 지키는 자리에 다른 암컷이 나타나면 큰일이다.

새로 나타난 암컷은 이미 산란한 알을 덮친다. 수컷보다 훨씬 큰 암컷 물장군에게는 알을 필사적으로 지키려는 수컷 따위는 전혀 적수가 되지 않는다. 아차 하는 사이에 알은 모두 파괴된다. 그리고 전 부인의 알을 싹 쓸어버린 새로운 암컷은 수컷 물장군에게 교미할 것을 강요한다. 슬프게도 몸이 작은 수컷은 이 억지 아내와의 교미를 거부하는 것은 거의 불가능하다.

이리하여 물장군의 암컷은 자기 유전자를 남기는 데 성공한다.

6장
이기적 유전자에서 밈(meme)으로

1. 부모 자식의 인연도 유전자가 결정한다

여우님 여우님 이론

도킨스에 의하면 유전자에는 자기 자신을 보존한다는 '지상의 목적'이 있고 동물의 개체는 그 때문에 기계와 같은 것이 된다. 이런 시점에서 보면 부모 자식 관계도 지금까지와는 상당히 달라진다.

부모가 자식을 기르는 행위도 단지 부모 자식의 애정 따위가 아니고 부모와 자식 간의 이기적인 유전자의 싸움의 장이라는 관점이 필요하다.

어미 새가 새끼에게 먹이를 나르는 행동조차 양자 사이에는 음흉한 투쟁이 숨어 있다. 새끼는 언제나 부모를 속이는 기회를 노리고 있다.

예를 들면, 새끼는 어미 새에게 실제 이상으로 배고픈 척할 것이다. 또 현실적으로는 상당히 성장해 있어도 아직 어린 척하거나 그다지 위험하지 않는데도 몹시 위험이 닥치고 있는 척할 것이다.

어쨌든 작고 약한 새끼들은 물리적으로 어미를 협박하는 따위는 불가능하다. 그 때문에 새끼들도 어미의 주의를 끌기 위해 속임수, 속임수 따위의 여러 가지 심리적인 수단으로 대항한다. 이기적인 유전자의 탈것에 지나지 않는 새끼는 자기와 같은 혈연관계에 있는 개체가 허용할 때까지 이런 심리적인 무기를 사용하여 살아남으려고 한다.

이스라엘의 아모츠 자하비는 아주 독특한 발상을 하는 생물학자로 유명하다. 아프리카에 사는 톰슨가젤은 사자에게는 알맞은 사냥감이다. 사자에게 쫓긴 톰슨가젤은 종종 달아나는 도 중에 멈추어 사자를 향하여 깡충깡충 뛴다. 이 불가사의한 도 약 운동은 '스토팅'이라고 부른다.

이 톰슨가젤의 행동은 마치 자살적이며 너무나도 이타적인 행동이라고 해야 한다. 이 톰슨가젤의 기묘한 행동에 대하여 R. 애들리는 새의 경계소리와 마찬가지로 무리의 패거리에게 위험을 알리고, 동시에 사자의 주의를 자신에게 끌어들이기 위 한 것이라고 설명한다.

그러나 자하비는 전혀 다르게 설명한다. 분명히 사자를 도발 하는 톰슨가젤의 야단스러운 도약은 사자의 주의를 끌기는커녕 마치 사자를 놀려주는 것처럼 보인다. 또한 이러한 톰슨가젤의 행동에 따른 한패의 톰슨가젤의 행동은 거의 없다.

자하비의 수평 사고에 의하면 톰슨가젤의 '스토팅'은 한패에 대한 신호가 아니고 포식자인 사자에 대한 직접적인 행동이라 고 한다.

톰슨가젤의 행동을 인간의 말로 하면

"이봐 난 이렇게 높게 뛸 수 있어. 이런 힘찬 톰슨가젤을 잡기보 다는 더 쉽게 잡을 수 있는 것을 쫓아가는 편이 나을 텐데"

가 된다.

좀 더 과학적으로 표현하면 포식자는 간단히 잡을 것 같은 사 냥감을 노리는 경향이 있으므로, 사자 앞에서 야단스러운 도약을 해 보이는 톰슨가젤은 포식자에게 잘 잡히지 않는다고 한다.

자하비의 이론에 의하면, 톰슨가젤의 행동은 얼핏 보기에는 무리를 위한 이타적인 것으로 보이지만, 실은 아주 이기적인 것 이 된다. 이 톰슨가젤의 '스토팅'도 이기적인 유전자를 실은 톰

168

슨가젤이 살아남기 위한 행동이며, 자하비의 해석이 옳다고 하면 도킨스의 이기적인 유전자라는 생각을 지지하는 것이 된다.

새의 새끼가 큰 울음소리를 내고 어미를 부르는 행동에 대해서도 자하비는 '여우님 여우님 이론'이라는 가설로 설명한다.

자하비에 의하면 새의 새끼가 큰 소리로 우는 것은 단지 어미에게 먹이를 달라고 조르기만 하는 행동이 아니고 어미에 대해서 악마적이라고도 생각되는 공갈 행위를 하고 있다고 한다. 새의 새끼도 일부러 포식자를 자기 둥지에 끌어들이는 것처럼 울음소리를 낸다고 한다.

약간 의인적(擬人的)인 표현이 되지만

"여우님 여우님 우리를 잡아먹으러 와도 돼요"

하고 말하고 있다고 자하비는 생각한다.

이렇게 큰소리로 울어대는 새끼의 행동을 멎게 하는 방법은 한 가지밖에 없다. 어미 새는 한시라도 빨리 먹이를 입 속으로 밀어 넣어 새끼를 울지 못하게 한다. 결국 큰 울음소리를 내는 새끼는 어미 새로부터 공평한 분배량 이상의 먹이를 얻게 된다.

도킨스는 어떤 자하비의 역설적인 생각에 관해 『이기적인 유전자』의 초판에서는 상당히 회의적인 견해를 서술했다.

그러나 1989년판에는

"동물의 신호 전반에 걸친 놀랄 만큼 다른 접근은 아모츠 자하비에 의한 것이다. 나는 이 책의 초판보다 훨씬 큰 공감을 가지고 자하비의 견해를 논하고 있다"

라고 상당히 태도를 바꾸었다.

뻐꾸기 새끼의 사기

천인조라는 새 새끼에게는 발달한 구점(口點)이 있다. 또 천인조 암컷은 자기 이외의 다른 둥지에 알을 낳는 습성이 있다.

그래서 전혀 다른 종에 속하는 둥지에서 태어난 새끼는 자기를 낳아준 어머니가 아닌 어미 새에게 입을 벌려 구점을 보여 준다. 그렇게 하면 다른 종의 어미 새는 자기 새끼가 아닌데도 새끼에게 구점이 있으므로 속아서 먹이를 준다.

이러한 다른 종류의 새 둥지에 알을 낳는 것을 탁란(托卵)이라고 하며, 가장 유명한 탁란새는 뻐꾸기다. 부화한 직후의 뻐꾸기 새끼는 자기 등에 닿는 것은 뭐든지 둥지에서 밀어내 버린다. 유럽산 뻐꾸기는 홍뚱새의 둥지에 탁란하는데, 홍뚱새 새끼보다 일찍 부화한 뻐꾸기 새끼는 아직 눈도 보이지 않는데도 홍뚱새 알을 둥지에서 밀어낸다.

이렇게 하여 자기만 둥지에 남은 뻐꾸기 새끼가 입을 벌려 구점을 보이면 홍뚱새의 어미는 자기 새끼가 아닌데도 새끼의 구점을 보고 먹이를 준다.

새 새끼가 배고플 때에 할 수 있는 유일한 행동은 입을 벌리는 일인데, 어미로부터 먹이를 얻기 위해서는 이 행동만으로 충분하다. 어미 새는 새끼 부리 주위에 있는 구점이라고 부르는 표지를 보면 자동적으로 먹이를 밀어 넣는다.

예를 들면, 솔잣새의 새끼가 입을 벌리면 입 주위에 4개의 금속적인 광택을 가진 구점이 나타난다. 어머니의 급이 행동(給餌行動)을 일으키기 위해서는 이 구점이 중요한 신호가 된다. 그 후 새끼가 커짐에 따라 구점은 자연적으로 소멸한다.

뻐꾸기의 새끼들은 이러한 어미 새의 행동 패턴을 이용하여

〈그림 6-1〉 탁란새로서 너무도 유명한 뻐꾸기

전혀 관계없는 홍둥새의 어미로부터 먹이를 속여서 얻어먹는다.

그런데 뻐꾸기의 밀어내기 운동은 새끼의 등에 느끼는 것이 있어서 그 부분에 뭔가 닿으면 그것을 밀어내어 버리는데, 부화하여 4~5일 후에는 이런 반응은 완전히 소멸되어 버린다.

뻐꾸기보다도 강렬한 것이 아프리카산 꿀잡이새라는 탁란 새다. 꿀잡이새는 주로 딱따구리 둥지에 탁란하는데, 부화한 꿀잡이새의 새끼는 이미 부화한 딱따구리의 새끼를 죽여 버린다. 꿀잡이새 새끼는 갈고리가 달린 부리가 있어 그 날카로운 부리로 딱따구리의 새끼를 물어 죽인다. 이 갈고리가 달린 부리는 상대를 죽이면 금방 빠져버린다.

꿀잡이새든 뻐꾸기든 많은 탁란새는 하나의 둥지에 1개의 알만 낳는다. 만일 같은 둥지 속에 2개 이상의 알을 낳으면 알에서 깬 새끼끼리 서로 죽이거나 먼저 부화한 새끼가 형제가 될 알을 밀어내게 될 것이다.

이러한 탁란 새의 행동은 도킨스가 말하는 이기적인 유전자의 존재를 시사한다. 『이기적인 유전자』에서 도킨스는

"뻐꾸기 새끼는 포식자를 유인하는 공갈 전술로 이익을 얻는지 모른다. 잘 알려진 것처럼 뻐꾸기 암컷은 몇 개인가의 수양부모의 둥지에 1개씩 알을 낳고 그것을 알아차리지 못하는 수양부모(전혀 다른 종의 새)에게 자기 새끼를 기르게 한다. 이 때문에 뻐꾸기 새끼는 젖형제들에게는 유전적으로 일체 부담을 주지 않는다.* 뻐꾸기 새끼가 포식자를 유인할 만한 큰소리를 내며 자기 목숨을 잃을 가능성이 있으나 수양부모는 더 희생을 강요당할 가능성이 있다. 혹시 그녀는 새끼를 4마리나 잃게 될지 모르기 때문이다. 따라서 뻐꾸기 새끼의 입을 다물게 할 수 있다면, 특별히 많은 먹이를 주는 것이 수양부모에 유리할 수도 있다. 이렇게 되면 큰소리를 내는 것은 뻐꾸기 새끼에게는 유리하게 되기도 한다. 포식자에게 습격당하는 위험보다 많은 먹이를 얻는 이익 쪽이 커질지 모르기 때문이다"

라고 쓰고 있다.

자하비류의 해석으로는 뻐꾸기 새끼는 큰소리로 "포식자야, 포식자야, 이리 와서 나와 내 젖형제를 잡아먹어라"고 외치면서 수양부모를 협박하고 있다.

이것을 과학적으로 바꿔 말하면, 뻐꾸기 새끼를 큰소리로 울게 하는 유전자가 뻐꾸기 유전자 풀(pool) 속에 늘어난 것이다. 또 뻐꾸기 새끼의 울음소리를 듣고 수양부모가 먹이를 더 주는 것도 그런 행동을 하는 유전자가 수양부모 안에 퍼져 있기 때문이다.

큰소리로 떠드는 뻐꾸기 새끼에게 먹이를 주지 않은 수양부

---

* 뻐꾸기 무리에는 젖형제를 가지지 않는 종이 있다. 그렇게 되어버린 불길한 이유에 관해서는 뒤에서 얘기한다. 당장은 새끼 때에 젖형제와 동거하는 종류인 뻐꾸기를 다루는 것으로 가정한다.

모의 경우, 새끼의 울음소리를 듣고 온 포식자에게 자기 새끼
가 먹혀버린다. 먹이를 준 수양부모보다도 주지 않은 어미 쪽
이 자기 새끼를 많이 기르지 못한다. 이것은 다름 아니라 자기
자신의 유전자를 늘리지 못했다는 것을 의미한다.

이렇게 보면 뻐꾸기 새끼가 큰소리로 우는, 얼핏 보아 뻐꾸
기 새끼에게 불리하게 보이는 행동도, 또한 자기 새끼가 아니
고 먼저 뻐꾸기 새끼에게 먹이를 주는 수양부모의 행동도 자기
자신의 유전자만이 더 많이 남으면 된다는 도킨스류의 생각과
일치한다.

인간의 아이도 부모를 속인다

이러한 동물의 부모와 새끼 사이에서 볼 수 있는 유전자의
살아남기 전략을 보면, 인간의 부모 자식 관계에서 똑같은 행
동이 존재하지 않을까 하는 의문이 생긴다. 다케우치(竹內久美子)
는 그의 저서 『그런 터무니없는!』에서 이런 의문에 관해 흥미
깊은 고찰을 하고 있다.

인간의 아이만큼 부모를 협박하거나 조작을 잘 하는 것은 없
고, 아이들은 참으로 무섭다고 다케우치는 생각한다. 예를 들
면, 백화점의 장난감 매장에서 자기가 갖고 싶은 장난감을 사
달라고 울어대는 아이를 종종 보게 된다.

이러한 사기꾼 같은 협박 행위는 아직 귀여운 편이다. 다케
우치에 의하면 인간의 아이 중에서 가장 성가신 것은 허약 체
질이나 소아 천식 따위의 아이 자신에게도 자각이 없는 부모에
대한 협박이다.

다케우치는 『그런 터무니없는!』에서

"소아 천식에 관해 의심스러운 것은 이 병이 우선 죽음에 이르지 않고 어느 나이에 이르면 씻은 듯이 치유된다는 것이다. 물론 발작 때의 고통은 이번에야말로 죽지 않을까 생각될 만큼 강렬하고, 발작을 두려워하는 나머지 잠이 얕아지고 점점 몸이 쇠약해지는 것도 사실이다. 그러나 결코 죽지 않는다. 이기적 유전자는 적어도 이 병으로 개체를 죽음에 이르게 하지 않는다. 그 대신 그 강력한 증상을 주위에 드러내려고 하는 것 같다.

부모는 병으로 괴로워하는 자식을 가엾게 생각하여 다른 아이보다도 이불을 한 장 더 덮어주게 될 것이다. 오늘밤은 발작이 일어나지 않을까 하고 그 아이의 건강 상태에 언제나 주의를 기울이게 될 것이다. 그렇게 되면 결국 그 아이는 천식 따위는 일으키지 않고 밖에서 활발하게 놀고 '저 아이라면 걱정없다'라고 부모가 안심하는 아이보다도 뜻밖에 유리하게 살아남을지 모른다. 내가 소아 천식을 협박이나 조작이라고 생각하는 것도 이런 이유 때문이다"

라고 설명하고는

"소아 천식의 원인은 의학적으로는 진드기나 먼지, 꽃가루나 화학물질 등이다. 그러나 그것들은 이기적 유전자가 탈것에 증상을 일으키기 위하여 마침 사용하는 것에 지나지 않는다. 소아 천식의 진짜 원인은 자식의 위협에 대항하지 못하는 가여운 부모의 마음이라고 말할 수 있을 것이다"

라고 결론을 짓고 있다.

이런 일을 생각하면, 동물이나 인간에게 부모와 자식 관계에는 단지 애정 따위의 달콤한 말로 표현되는 것이 아니고 도킨스가 말하는 것과 같이 더 냉혹한 유전자의 살아남기 전략이 숨겨져 있는지 모른다.

174

2. 남녀의 사랑도 유전자가 지배

곤충에도 혼수품이 있다.

유성 생식을 하는 동물들이 자손을 남기기 위해서는 먼저 교미 상대를 찾아내야 한다. 우리 인간도 예외가 아니므로 어떤 민족에게도 결혼이라는 시스템이 반드시 존재한다. 그리고 결혼의 파트너를 얻기 위하여 여러 가지 형태의 사랑의 의식이 존재한다.

인간뿐 아니고 동물 사이에도 여러 가지 구애 행동(求愛行動)이 관찰되고 있다. 도킨스에 의하면 이러한 인간이나 동물의 행동에는 이기적인 유전자가 자기 자신의 복제를 늘린다는 깊은 목적이 숨겨져 있다.

많은 종류의 새들은 파트너의 마음을 사로잡기 위해서 구애 디스플레이라는 몸짓을 한다. 곤충은 페르몬이라는 성호르몬의 냄새로 상대를 유인하거나 음성으로 끌어들인다. 그 중에는 반딧불이와 같이 빛 신호로 파트너를 찾아내는 곤충도 있다.

이러한 구애 행동 중에서도 가장 인간 사회와 비슷한 것이 선물 작전일 것이다. 어떤 종류의 새나 곤충에서는 구애 과정에서 수컷이 암컷에게 먹이를 선물하는 행동이 관찰된다. 이 행동은 '구애급이(求愛行動)'라고 부른다.

수컷이 새끼의 먹이를 나르는 새의 경우, 암컷은 자신을 향한 선물로 수컷이 먹이를 얼마만큼 모을 수 있는지를 확인하는 것이 아닌가 한다. 제비갈매기라는 새의 무리에서는 구애급이 때에 먹이를 얻어오는 능력이 높은 수컷이 실제로 새끼를 위해 모아오는 먹이의 양도 많다는 것이 알려져 있다.

〈그림 6-2〉 각다귀붙이 일종은 구애 시 고치를 선물하고 교미를 한다

각다귀붙이라는 곤충 수컷은 파리 같은 작은 곤충을 잡고 나서 암컷을 유인하는 호르몬인 페로몬을 방출하여 암컷을 부른다. 페로몬을 감지하고 가까이 온 암컷은 수컷이 준 선물인 먹이를 먹으면서 수컷에게 교미를 허용한다. 여기서 먹이가 되는 곤충은 마치 우리 사회에 예부터 존재하는 혼수품과 같다.

각다귀붙이의 암컷은 무엇보다도 먼저 큰 먹이를 가지고 온 수컷을 파트너로 선택한다. 맛이 없어 먹을 수 없는 무당벌레를 선물한 수컷은 암컷이 거들떠보지도 않는다.

또 선물이 너무 작으면 암컷은 일단 교미를 허용하지만 먹이를 먹어치움과 동시에 교미를 중지하고 날아가 버린다. 그 때문에 각다귀붙이 수컷은 비참하게도 교미 중에 암컷을 놓치고 만다.

이 각다귀붙이 수컷 중에는 때때로 이런 구애급이라는 습성을 악용하는 것이 있다. 암컷 흉내를 내는 속임수를 써서 선물을 훔치는 수컷이다.

그들은 선물을 들고 있는 수컷을 보면 암컷인 척 몸짓을 하여 교미 가능성을 보이면서 수컷에 다가간 뒤 선물을 가로채고 얼른 도망쳐 버린다. 이리하여 선물을 훔친 수컷은 그 선물을 가지고 다른 암컷을 찾으러 간다.

이 선물 도둑이라는 행동도 자신의 유전자를 늘리는 목적에 꼭 들어맞는 행동이다. 모처럼 고생하여 선물을 찾아낸 수컷 유전자가 아니고 훔친 수컷 유전자가 늘어나게 된다.

그 때문에 훔치는 행위도 유전자에게는 자기 이외의 유전자 탈것의 번식을 방해하여 자기 탈것을 늘린다는 목적을 이룰 수 있다. 다만 여기에서도 이 행동을 도둑질이라고 부르는 것은 인간의 생각이고 이기적인 유전자에는 하늘에 부끄럼 없는 책략이다.

사랑의 발광 신호와 공포의 함정

여름밤의 경치를 수놓는 반딧불이의 대부분은 빛의 점멸로 이성과 교신한다. 반딧불이 수컷은 밤이 되면 일정한 간격으로 발광하면서 하늘을 난다. 이 빛을 본 암컷 반딧불이는 수컷을 향해 마찬가지로 빛을 점멸한다.

수컷은 암컷의 응답을 보면 암컷에게 다가가면서 다시 한 번 신호를 보내어 응답을 기다린다. 이러한 신호 교환을 몇 번인 가 되풀이하고 나서 수컷은 암컷 반딧불이와 교미한다.

중요한 것은 수컷이 내는 빛 신호는 반딧불이 종에 따라 다르다는 점이다. 이 점멸 신호의 차이가 있으므로, 같은 종에 속하는 반딧불이의 수컷과 암컷은 서로 실수 없이 교미할 수 있다.

예를 들면, 반딧불이의 일종인 포티누스 수컷의 점멸 신호는 약 2초 간격으로 2회씩 발광한다. 가까운 풀잎 등에 앉아 있던 암컷은 이 사랑의 발광 신호를 보면 수컷의 점멸이 있고 거의 1초 후에 자기 빛을 내서 응답한다.

이렇게 반딧불이의 수컷과 암컷은 사랑의 교환에 빛 통신을 사용하고 있다. 그리고 수컷이 내는 빛의 간격이 조금이라도 다르면 암컷 반딧불이는 전혀 응답하지 않는다. 그 때문에 다른 종에 속하는 반딧불이끼리는 사랑의 통화가 불가능하다.

그런데 이 수컷 반딧불이에게는 결혼을 위한 사랑 통화가 글자 그대로 치명타가 되는 일이 있다. 포투리스(Porturis)라는 반딧불이의 일종은 자기와 다른 종에 속하는 반딧불이를 잡아먹는다. 이 포투리스의 암컷은 포티누스(Photinus) 종의 반딧불이가 서식하는 지역에 들어가서 포티누스 암컷인 체한다.

포티누스 암컷으로 교묘히 가장한 포투리스 암컷은 포티누스 수컷이 내는 발신 신호에 응답한다. 더군다나 포티누스 암컷과 꼭같은 간격으로 빛을 내어 답한다. 이 사랑의 신호에 속은 포티누스 수컷은 교미하기 위하여 가까이 온다. 그러면 포투리스 암컷은 교미를 하기는커녕 다가온 포티누스 수컷을 잡아먹어 버린다.

이 때문에 포투리스 암컷은 '딱정벌레의 요부(妖婦)'라고도 불린다. 더욱이 포투리스 중에는 무려 10종류나 다른 종의 반딧불이 수컷과 가짜 애정 신호로 응답하여 포식하는 것도 있다.

이 반딧불이 요부의 행동은 자기 이외의 유전자 탈것의 번식을 방해하기는커녕 다른 종 반딧불이 수컷의 영양분으로 자기 유전자를 늘리기 때문에 손대지 않고 먹는 식이라 해야 할 만큼 이기적이다. 그러나 그 때문에 반딧불이 무리에서 포투리스만 자꾸 늘어나지 않는 것은 자연계의 균형의 묘라고 할 수 있다.

적을 속이는 데 성적 매력을 사용하는 책략을 반드시 곤충에 한하지 않고 널리 인간 사회에도 공통의 것이다. 너무나도 맛

178

이 좋은 이야기 뒤에는 뭔가 있다고 생각하는 편이 영리할지
모른다.

새틴바우어 새의 기묘한 구애

자연계에서 동물의 행동, 특히 구애 행동에 관한 많은 관찰
으로 교미 상대가 되는 암컷을 둘러싼 수컷끼리의 싸움이나 암
컷이 자기 사랑의 파트너가 되는 수컷을 교묘히 선정하고 있다
는 것이 알려지기 시작했다.

수컷의 정자는 대량으로 생산되는데, 암컷이 만드는 난자는
영양분을 필요로 하므로 아무래도 조금밖에 만들지 못한다. 수
컷은 차례차례 암컷을 찾아 교미하면 자기 자손을 얼마든지 만
들 수 있다. 반면 암컷은 아무리 교미를 되풀이해도 늘릴 수
있는 자기 자신의 새끼 수에는 한계가 있다.

그런데 수컷에는 아무리 번식 기회가 있다고 해도, 실제로
파트너가 되는 암컷 수는 제한이 있다. 그 때문에 수컷에게 암
컷은 자기 자손을 늘리기 위한 귀중한 자원이 된다. 이런 일로
수컷끼리 암컷을 둘러싸고 싸우게 된다.

무엇보다 일생 동안 암컷이 낳을 수 있는 새끼 수는 적다.
그 때문에 암컷은 자기 새끼에게 보다 많은 이익을 주는 수컷
을 선택하게 된다. 수컷을 선택하는 권리가 암컷에 있다는 것
은 이런 설명으로 납득할 수 있다.

오스트레일리아나 뉴기니에 살고 있는 새틴바우어 새라는 새
의 구애는 실로 재미있다. 영어의 satin bower나 일본어 이름
인 アオアズマヤドリ(아오아즈마야도리)의 수컷은 그 이름과 같이
자기 세력권에 ‘アズマヤ(아즈마야; bower; 나무그늘 또는 정자)’를

〈그림 6-3〉 새틴바우어 새

만든다. 이 정자가 구애 수단이 된다.

정자는 작은 나뭇가지를 평행이 되게 2열로 배열하여 지면에 세운다. 폭 10센티미터, 깊이 30센티미터 정도가 된다. 새틴바우어 새 수컷은 이 정자에 사는 것이 아니고 자기 둥지는 다른 나무 위에 있다.

정자 주위는 여러 가지 것으로 장식한다. 새 깃털, 달팽이 껍질, 색이 물든 나뭇잎, 나무 열매, 노랑이나 파랑 꽃잎 따위의 자연물 이외에도 단추 같은 인공물까지 장식하는 일이 있다. 수컷이 장식한 정자에 유인된 암컷은 정자를 둘러보고 마음에 들면 거기서 수컷과 교미한다.

새틴바우어 새 수컷이 장식한 정자에서 나뭇잎만 남기고 장식물을 모두 없애는 실험을 하였더니 그 수컷은 전혀 암컷과 교미할 수 없었다고 한다. 정자의 만듦새와 주인인 수컷의 교미 수 관계를 조사해 보니 암컷의 마음에 드는 데는 정자가 좌우대칭으로 튼튼히 만들어지고 장식에는 많은 달팽이 껍질과 파랑 깃털이 필요했다.

아무튼 이 정자가 암컷의 마음에 드는지는 수컷이 자기 자손을 남길 수 있는 갈림길이 된다. 어떤 조사에서는 1회도 교미하지 못한 수컷이 관찰되었다.

미국의 G. 보이어는 새틴바우어새 수컷이 만든 정자를 다른 수컷이 부수거나 장식물을 훔쳐가는 것을 관찰했다. 이 범죄는 정자 주인인 수컷이 둥지를 비울 때 일어난다.

범인인 새틴바우어새 수컷은 경쟁자의 정자를 적당히 파괴하여 귀중한 수집물을 훔친다. 도둑은 수집품 중에서 반드시 파랑 깃털만은 잊지 않고 가져간다.

보디어의 조사에 의하면, 놀랍게도 거의 모든 새틴바우어새 수컷이 도둑질을 한다. 수컷은 서로 도둑질하면서까지 암컷을 빼앗는다. 그런데 새틴바우어새 암컷은 수컷이 도둑질할 때 정자를 잘 지키는지도 검사한다. 암컷의 파트너 선택은 어디까지 냉정하고 합리적일까?

이러한 새틴바우어새의 구애 행동에도 역시 이기적인 유전자가 관계하는 것 같다. 경쟁자의 정자를 파괴하거나 장식물을 훔치는 것은 자기와 관계가 없는 유전자가 늘어나는 것을 방해하려는 행동처럼 보이기 때문이다.

인간은 수컷이 암컷을 선택한다

도킨스는 동물들의 구애 행동에 기초를 두고 인간의 남녀 관계도 고찰했다. 인간은 가정 제일형과 바람기형이 있는데, 동양을 묻지 않고 대부분의 사람은 상대가 장래에 걸쳐 성실성을 지키는 약속을 하지 않는 한 여간해서는 결혼을 결심하지 않는다.

이것은 늠름한 수컷을 선택하기보다는 가정 제일의 수컷을 선택하는 전략을 취하고 있음을 시사한다.

인간 사회에서는 다소의 예외는 있어도 일부일처제를 취하고 있다. 일부 여성들의 반론은 있어도 양육에 관해서는 남녀 간에 큰 불평등이 존재하지 않는 것처럼 보인다. 분명히 어머니는 아버지보다도 직접적으로 아이 시중을 드는 일이 많을지 모르나 아버지는 양육에 필요한 물질적인 자원을 얻기 위하여 간접적인 역할을 분담하고 있다.

그래도 남성에는 바람기가 있는 난혼적(亂婚的)인 경향이 있고, 여성에는 일부일처제를 유지하려고 하는 보수적인 경향이 인정된다. 물론 인간의 경우, 동물보다도 훨씬 전통이나 문화 따위에 좌우될지 모르나, 역시 자기 난자를 중하게 여기는 진화론적인 설명이 부합될 것이다.

진화론적 입장으로 보면, 동물의 암컷은 수컷을 선택할 권리를 갖고 있음은 이미 되풀이 얘기했다. 그 때문에 공작의 수컷은 놀랄 만큼 아름다운 꼬리깃털로 자신을 장식한다. 이 공작 수컷의 꼬리깃털도 아주 불가사의하다.

공작의 화려한 아름다움은 몹시 눈에 띄므로 적으로부터 피할 때도 방해가 될 것이다. 오히려 살아남는 데 불리하다고 생각되는 공작 수컷의 꼬리 깃털이 왜 이렇게 진화되었을까.

앞의 '여우님 여우님 이론'에서 소개한 이스라엘의 생물학자 자하비는 공작의 깃털에 관해 1975년에 「핸디캡의 원리」를 발표했다. 자하비에 의하면 공작의 깃털은 정말로 불리한 형질이며, 이러한 무거운 짐을 짊어진 수컷이 진화된 것은 암컷에게는 이렇게 불리한 꼬리깃털을 가지고 있는데도 불구하고 살아갈 수 있는 수컷이야말로 사랑의 파트너로서 알맞기 때문이다.

인간에게 견주어 보면, 두 남성이 경주하여 동시에 결승점에 도달했을 때 한쪽 남성은 무거운 짐을 짊어지고 달렸다고 하면, 경주를 보고 있던 여성은 아마 짐을 진 남자 쪽이 발이 빠르다고 생각할 것이다.

도킨스는 1976년에 출판된 『이기적인 유전자』 초판에서 이 자하비의 핸디캡의 원리를 회의적인 표현으로 소개하였는데, 1989년판의 보주(補註)에서는 이 이론을 인정했다.

이러한 공작의 꼬리깃털과 비교하면, 인간은 동물들의 원칙과는 상반되는 것같이 보인다. 일반적으로 말하면, 인간 사회에서 공작의 꼬리깃털을 달고 있는 것은 여성이다. 많은 여성은 화장을 하고 아름다운 옷을 입는다.

이런 사실로부터 도킨스는 인간 사회는 암컷이 수컷을 서로 빼앗는 사회가 아닌가 생각한다고 기술했다. 그러나 도킨스 역시 어째서 인간은 수컷이 암컷을 선택하게 되었는가는 전혀 설명할 수 없었기에 현재는 어떻게 된 것일까 고민할 따름이다.

3. 문화적 전달 단위 '밈'

새의 지저귐은 문화인가

예부터 인간과 동물의 차이는 문화의 존재여부라고 했다.

문화의 특징은 전달되는 것과 진화하는 것이다. 언어, 음악, 예술, 과학, 종교라는 모든 문화가 인간에서 인간, 또는 사회에서 사회로 전달된다. 그리고 문화는 전달되는 것으로 진화한다.

문화는 놀랄 만큼 빠른 속도로 진화한다. 그 속도는 유전자
에 의한 진화보다도 훨씬 빠르다.

도킨스는 이러한 문화적인 전달이 인간에서만 인정되는 것이
아니라고 P. F. 젠킨스의 논문을 인용하여 설명했다. 젠킨스는
뉴질랜드 먼 바다의 섬에 살고 있는 '등붉은아랫볏찌르레기'라
는 새 수컷의 울음소리를 연구했다. 먼저 이 새의 지저귐을 몇
가지 그룹으로 나눠보니 9종류의 지저귐이 관찰되었다.

지저귐이 9종류가 있어도 한 마리의 수컷은 한 종류거나 겨
우 몇 종류의 우는 방식밖에 모른다. 그래서 젠킨스는 이 새의
지저귐 방식이 유전자에 의하여 아버지에게서 새끼에 전달되는
지를 조사했다. 그랬더니 지저귐은 유전적으로 전달되는 것이
아님이 밝혀졌다.

젊은 수컷은 자기 세력권에 살고 있는 다른 수컷의 울음소리
를 흉내 내면서 지저귐 방식을 배운다는 것이 알려졌다. 이 울
음소리의 모방은 어린아이가 말을 배울 때와 똑같았다.

또 젠킨스는 젊은 수컷 새가 동료의 지저귐을 미처 흉내 내
지 못하여 새로운 지저귐을 만들어내는 것도 관찰했다.

젠킨스는 그때의 일을

"새로운 지저귐 방식은 울음소리의 높이 변화로 생기는 것, 같은
울음소리를 추가하거나, 울음소리를 탈락시켜 만든 것, 또는 다른
새의 지저귐을 부분적으로 삽입시켜 만든 것 등 여러 가지방법으로
만들어졌음이 알려졌다. 이러한 새로운 지저귐 방식은 전적으로 갑
자기 나타내는데, 그 뒤의 몇 년 동안은 매우 안정된 상태로 유지
되는 것 같았다. 몇 가지 예에서는 새로 생긴 변이형 지저귐이 새
로 태어난 젊은 수컷들에게 정확히 전달되고, 그 결과 같은 울음소

리를 내는 가수들의 그룹이 탄생된다."

고 기술했다.

젠킨스는 등붉은아랫볏찌르레기에서 볼 수 있는 새로운 지저귐의 탄생을 '문화적 돌연변이'라고 표현했다. 이렇게 이 새의 수컷 울음소리는 유전자와는 관계없이 진화한다.

새도 사투리로 지저귄다

영국의 소프는 푸른머리되새라는 새 새끼를 길러 울음소리에 관한 여러 가지 실험을 했다.

먼저 소프는 푸른머리되새의 새끼를 어미에게서 완전히 분리해서 기르면 정상적인 새와는 전혀 다른 울음소리를 내는 것을 알아냈다. 또한 녹음한 울음소리를 새끼에게 들려주면 새끼는 녹음한 울음소리를 학습한다. 이런 사실에서 푸른머리되새가 지저귐을 배우기 위해서는 성장하는 과정에서 부모나 동료의 울음소리를 모방할 필요가 있음을 알게 된다.

그 뒤의 실험에서 새끼가 자라서 부모와 같게 지저귀기 위해서는 어떤 일정한 시기에 부모의 울음소리를 들어야 한다는 것이 밝혀졌다. 새끼는 자연에 존재하는 여러 가지 새의 울음소리 중에서 자기 부모의 울음소리만을 올바르게 식별하고 기억한다.

새의 지저귐에는 어딘지 인간의 말과 아주 비슷한 데가 있다. 살고 있는 지역에 따라 다르게 지저귀는 새가 있다는 것은 인간 사회에서 보는 사투리와 똑같다.

이런 새의 사투리에 관해서는 많은 연구가 이루어졌다. 그 중 하나는 미국의 샌프란시스코 근교에 살고 있는 멧새의 일종에 대한 관찰이다. 이 새는 버클리 지구, 선셋비치 지구, 인버네스 지구의 3개 지역에 따라 울음소리가 다른 것이 알려졌다.

이런 사투리는 이 동일종에 속하는 새 사이에서 서로 세력권을 지키기 위하여 발생한 것으로 추측한다. 가령 선셋비치에서 태어난 수정란을 인버네스 지구에 가져와서 인버네스에 살고 있는 어미 새가 품게 한다. 알에서 깨어난 새끼는 그간 길러준 인버네스의 어미와 똑같은 울음소리를 내게 된다.

반면 선셋비치 지구에서 태어난 새끼를 그대로 선셋비치에 살고 있는 어미가 기르게 하여 지저귀기 시작하기 전에 인버네스 지구에 데리고 왔을 때 그 새끼는 선셋비치 지구의 어미와 같은 울음소리로 울었다. 버클리 지구에서 같은 실험을 했더니 선셋비치 지구와 같은 결과가 되었다.

이런 실험의 결과로 이 새의 사투리는 유전자에 의하여 정해져 있는 선천적인 것이 아니고 태어난 후부터 학습으로 배우는 후천적인 것임이 확실해졌다. 이러한 새에게는 그들이 속하는 집단의 동료들과 같은 사투리 울음을 배우는 것은 무리 속에서 살아가기 위해 필요한 일이다.

비단털원숭이의 말

새는 울음소리로 여러 가지 의사소통을 하고 있다. 지저귐은 자기 세력권을 주장하여 경쟁 상대를 몰아내거나, 번식을 위하여 배우자를 끌어들이는 구애나, 동료에게 위함을 알리는 경계 수단이 되기도 한다. 그러기 위해서 각각 울음소리가 다르다.

그러나 다른 울음소리라고 해도 인간과 같이 여러 가지를 의미하는 단어가 있는 것은 아니다. 예를 들면 작은 새가 매를

〈그림 6-4〉 3종류의 경계음에 대한 비단털원숭이의 반
응. (a) 표범, (b) 독수리, (c) 뱀에 대한 경
계음을 알아듣는다

보았을 때 동료에게 알리는 울음소리는 이 경계소리를 내는 새
의 모든 종 사이에서는 거의 공통이다. 이러한 경계 소리를 내
는 것은 반대로 자기가 있는 곳을 매에게 알리는 것도 된다.
그 때문에 경계 소리는 적에게 자기 위치를 알려주지 않도록 그 소리의 발생원을 알기 어려운 특수한 주파수의 것이다.

다른 종에 속하는 작은 새의 경계 소리가 공통인 것은 모든 새가 될 수 있는 대로 매에게 잡히지 않게 진화해온 결과라고 하겠다.

새의 울음소리는 단순한 메시지를 전달하는 신호 기능밖에 가지지 않는다. 그런데, 비단털원숭이라는 원숭이 무리에는 단어라고 할 수 있는 경계소리가 있다. 비단털원숭이는 적을 보았을 때 몇 가지 울음소리를 내는데, 그 중에 특정한 상대를 나타내는 3개의 경계소리가 있다. 뱀 신호, 독수리 신호, 표범 신호라고 부르는 3종류의 울음소리이다. 이 세 가지 울음소리는 아주 엄밀한 정보를 가진 신호로서 비단털원숭이는 이 울음소리를 정확하게 식별한다고 한다.

그 증거로 표범 신호를 들은 비단털원숭이는 얼른 나무 위에 올라가고, 독수리 신호를 들으면 지상의 숲속으로 뛰쳐 들어간다. 그리고 뱀 신호 때에는 밑을 보면서 지면의 뱀을 찾는다. 이런 행동을 보면 비단털원숭이의 경계 소리는 분명히 인간의 말에 가까운 기능을 가진 것이라고 생각된다.

우유 도둑질하는 박새

여기서 설명한 새의 지저귐은 분명히 유전자에 의한 유전이라는 시스템과는 다른 방법으로 진화되어 있다. 그래서 도킨스는 새의 지저귐에 대하여 문화적 진화라는 말을 사용했다.

새의 지저귐 외에도 도킨스는 영국에서 관찰된 박새가 우유병 뚜껑을 열게 되는 학습을 예로 들었다. 박새는 나무 열매를 부리로 쪼아서 깨뜨리는 습성이 있다. 어느 때 무리 중의 한

〈그림 6-5〉 우유병의 뚜껑을 열려고 하는 박새
(R. 톰슨의 사진에 기초함)

마리가 우유병 뚜껑을 쪼아서 열고 병 속에 있는 우유를 마시는 데 성공했다.

이 한 마리 박새에 의한 우연한 발견은 굉장한 속도로 박새 무리 사이에 퍼져 갔다. 그 결과, 단지 몇 년 후에는 영국 내의 우유병이 박새의 공격을 받게 되는 처지가 되었다.

이 우유 도둑의 대유행이 퍼지는 방식을 조사해 보니 몇 곳에서 동시에 발생한 것이 아니고 어떤 특정한 지역으로부터 퍼졌갔다는 것을 알았다. 즉 박새의 개체가 습득한 우유병 뚜껑 열기라는 행동을 무리의 다른 동료들이 흉내 내어 영국 내의 박새 사회 집단 사이에 퍼진 것이 분명했다.

이 박새의 우유 도둑질도 역시 문화적 진화의 일종이라고 도킨스는 생각했다.

　이밖에도 도킨스는 원숭이 사회에도 몇 가지 문화적 진화가 있음을 지적하고 있다. 원숭이의 문화적 진화의 예로서는 일본 원숭이 사회에서 관찰된 고구마 씻기나 보리 줍기가 유명하다. 이것에 관해서는 이미 3장에서 자세히 설명했는데, 이마니시의 연구 덕분에 일본원숭이 무리에도 문화적 진화가 인정되었다.

　일본원숭이의 경우 새로운 행동은 먼저 새끼 사이에 전달되고 새끼에서 어미로 전달되어, 이윽고 무리 전체로 퍼지는 것이 알려졌다. 그러나 어떤 무리에서는 유행하는 행동이 다른 지역에 살고 있는 원숭이 무리에게는 전혀 전달되지 않는 일도 적지 않다는 것이다.

　이렇게 동물들의 집단에도 문화가 있다는 것은 이미 과학적인 사실이라고 해도 될 것이다. 도킨스는 동물의 문화적 행동이 진화하는 데서 유전자에 의한 유전적 진화와 비교하여 새로운 고찰을 하고 있다.

문화적 진화와 유전적 진화

　도킨스는 이러한 문화적 진화가 정말로 위력을 나타내는 것은 동물보다도 인간 사회라고 하며 그의 저서 『이기적 유전자』에서

　"의복이나 음식 양식, 의식, 공예, 이들 모두는 역사를 통하여 마치 매우 속도가 빠른 유전적 진화와 같은 양식으로 진화하는데, 물론 실제로는 유전적 진화 따위와는 전혀 관계가 없다. 그러나 유전적 진화와 마찬가지로 문화적 변화도 진보적일 수 있다"

　"우주의 이해에 관하여 현재와 같은 폭발적 진보를 볼 수 있게

된 것은 확실히 얼마 안 되는 르네상스 이후의 일이다. 르네상스 이전에는 음울한 정체기가 있었고, 유럽의 과학 문화는 그리스가 달성한 수준에 동결되어 버렸다. 그러나 유전적 진화에서도 비슷한 현상을 볼 수 있다. 그것은 안정된 정체기를 사이에 두고 일련의 돌발적 변화를 나타내면서 진화하는 것 같다"

라고 기술했다.

다시 도킨스는 유전자의 특성을 자기 복제자(自己複製子)라고 한다. 우리 인류가 살고 있는 지구상에서 자기 복제를 할 수 있는 실체로서 존재하고 그 세력을 넓혀 온 것이 유전자(DNA)였다고 한다.

이렇게 유전적 진화와 문화적 진화의 몇 가지 유사성을 지적하고 나서 도킨스는 생명이 탄생한 30억 년 전부터 지구상에 존재하고 있던 유전자라는 자기 복제자 외에 최근에는 새로운 타입의 자기 복제자가 등장했다고 생각한다. 더욱이 이 신종 자기 복제자는 아직도 미발달 상태인데, 현재 상당한 속도로 진화하고 있다고 한다.

도킨스는 이 새롭게 등장한 자기 복제자인 문화적 전달에도 유전자와 마찬가지로 무슨 이름을 붙일 필요가 있다고 한다. 가령 문화적인 전달 단위라든가 또는 모방 단위라든가 하는 새로운 말이 필요하다고 한다.

도킨스는 그리스어로 모방이라는 단어가 'mimeme'인 데서 새로운 문화적 유전 단위는 'meme(밈)'이라고 명명했다. '밈'이라는 단어는 유전자를 의미하는 'gene(진)'과 발음이 비슷하다. 또 프랑스어의 'mémento(기억)'이나 'meme(같음)'과도 견줄 수 있다.

유전자가 정자나 난자에 의하여 생물의 개체에서 개체로 운반되는 것과 같이 밈은 모방이라는 프로세스를 중개하여 뇌에서 뇌로 전달된다.

예를 들면, 어떤 과학자가 근사한 아이디어를 생각해 냈다고 한다. 그런 때에 과학자는 그 아이디어를 동료 과학자나 학생에게 전하거나, 논문이나 강연으로 그 아이디어는 인간의 뇌에서 뇌로 자기 복제를 하면서 퍼져가게 된다.

도킨스가 『이기적인 유전자』라는 책에서 제창한 새로운 진화론을 예로 들어보자.

『이기적인 유전자』를 읽은 한 독자의 머릿속에 기억된 도킨스의 진화론은 그 독자가 죽음과 동시에 소멸되어 버린다. 새로운 진화론은 그 독자의 수명만큼 살 수 있다.

그런데 『이기적인 유전자』라는 한 권의 책이 있는 한, 도킨스가 생각한 진화론이라는 밈은 지금부터 수백 년 후 까지도 살아남을지 모른다. 이 책이 몇 번이나 인쇄되고 교과서나 진화론의 논문에 인용되거나 학교의 강의 등에서 되풀이됨으로써 많은 사람의 뇌 속에 계속 복제된다.

유전자가 부모에서 자식에게 영구적으로 전달되는 것과 마찬가지로 밈도 인간의 수명을 훨씬 넘어서 카피된다. 그리고 밈이 뇌에서 뇌로 카피될 때에, 종종 카피 실수가 일어나는 일이 있다. 새로운 문화가 탄생하여 진화된다는 것은 이런 카피 실수에 의해서 일어난다고 생각된다.

유전자와 밈을 비교해 보면, 첫째로 밈은 유전자보다도 전달 속도가 훨씬 빠르다는 특징이 있다. 유전자의 경우 그 정보는 부모에서 자식에게 전달된다. 그 때문에 유전자는 1회 전달되는 데 아무래도 1세대가 걸린다. 반면 밈은 세대와는 전혀 관계없이 많은 사람에게 전달될 수 있다.

밈의 제2의 특징은 유전자가 부모에서 자식이라는 혈연끼리만 전달되는데, 밈에서는 무리의 개체면 혈연과는 관계없이 전달되는 것이다. 그 때문에 밈은 시간뿐만 아니라 집단적으로도 훨씬 많은 개체 간에 퍼질 수 있다.

끝으로 밈의 경우, 유전자보다도 카피 실수가 많은 특징이 있다. 그 때문에 밈에 의하여 전달되는 문화적 유전 쪽이 변화할 기회가 증가하게 된다.

이런 특징을 생각하면, 유전자 진화보다도 문화적 진화 쪽이 장래적으로는 보다 큰 가능성을 숨기고 있는지 모른다.

그러나 이기적 유전자와 마찬가지로 밈도 또한 이기적이다. 이 이기적인 밈에 대하여 우리는 대체 어떤 힘을 가지고 있는가?

4. 하느님도 유전자가 만들었다?

죽음을 의식하는 인간

인간에게는 미래에 대하여 생각할 수 있는 선견성(先見性)이라는 특별한 능력이 있는 것으로 생각된다. 지구상에 존재하는 모든 생물 중에서 10~20년 뒤의 생활 설계를 세우면서 현재의 생활을 영위하는 것은 인간뿐일 것이다.

인류가 이 지구에 탄생한 이래 가장 위대한 천재 과학자는 뉴턴도 아니고 아인슈타인도 아니다. 지금에 와서는 이름 따위는 모르지만 시간이라는 개념을 처음으로 알아차린 사람이야말로 가장 위대한 과학자이고 철학자이다.

인류는 과거, 현재, 미래가 있다는 것을 알고 있으므로 식량을 모두 소비하지 않고 저장해 둔다. 그리고 식물의 종자를 뿌리면 반드시 열매가 맺는다는 지식이 농업을 가능하게 했다.

개미나 벌의 세계에서도 식량의 저장이 이루어지며, 동물들도 자기 둥지 속에 식량을 날라와 보존하는 일이 있다. 또, 어떤 종의 개미 무리가 마치 인간이 가축을 기르는 것처럼 진딧물 등의 곤충을 기른다는 것은 이미 설명했다. 그러나 이런 인간 이외의 생물들이 정말로 장래 일을 생각하고 행동하는지는 의심스럽다.

또한 자기 장래에 반드시 죽음이 기다리고 있는 것을 의식하면서 살아가는 생물은 아마 인간뿐일 것이다. 실제로 인간 이외의 동물에게는 죽음은 어느 때 갑자기 닥치는 안락사(安樂死)에 가까운 것이다.

수명이라는 점에서 생각해도 많은 동물은 인간만큼 오래 살지 못하는 것 같다. 물론 동물의 수명을 조사하는 것은 아주 어렵다. 야생 동물에 마킹(marking)을 하여 조사하거나 동물원에서 사육되는 동물의 최장 기록(最長記錄) 등으로부터 추정할 수밖에 없다.

사육 기록에서 본 침팬지, 오랑우탄, 고릴라의 수명은 대강 40~50년이라고 한다. 또 상당히 장수한다는 아프리카코끼리라도 수명은 약 50~80년이라고 생각된다. 동물원에서 사육되는 사자의 장수 기록은 30년인데, 100마리의 사자 평균 수명은 약 13년이다. 이런 숫자에서 보아도 인간은 다른 동물들에 비하면 정상급의 장수를 자랑하고 있다.

영장류의 수명(개체의 장기사육 기록)

●원원류	
(튜파이과)	
ㄴ코먼튜파이	5.5년
(로리스과)	
ㄴ세네갈갈라고	25년
(여우원숭이과)	
ㄴ검은여우원숭이	31년
(안경원숭이과)	
ㄴ필리핀 안경원숭이	12년
●진원류	
[마모셋(여우원숭이)과]	
ㄴ코먼마모셋	16년
(긴꼬리원숭이과)	
ㄴ붉은털원숭이	29년
ㄴ망토개코원숭이	36년
ㄴ돼지꼬리원숭이	45년
(긴팔원숭이과)	
ㄴ흰긴팔원숭이	32년
(오랑우탄과)	
ㄴ고릴라	40년
ㄴ침팬지	45년
ㄴ오랑우탄	50년

(Cutler, R. G., 1976에서 종을 선택하여 기재)

이렇게 많은 동물은 수명이 짧고, 질병이나 늙어서 몸이 약해지면 금방 주위의 적에게 공격받고 죽음을 의식할 새도 없이 죽는다.

그런데 코끼리만은 인간처럼 확실하게 죽음을 의식하는 것은 아니지만 어쩐지 막연하게 죽음이 찾아옴을 알고 있지 않을까 생각한다. 아프리카코끼리의 연구에서 유명한 하비 크로츠는 죽어가는 늙은 리더인 암코끼리를 향해 무리의 코끼리들이 슬픔을 나타내는 것을 관찰하여 사진에 기록했다.

어떤 수코끼리는 죽어가는 늙은 리더에게 다가가서 자기 코로 리더의 머리를 만지거나 부드러운 목소리로 울었다. 얼마 후 리더의 임종이 가까워지자 무리의 코끼리들은 일제히 소리를 내면서 리더 주위를 반원형으로 둘러쌌다.

앞서의 수컷은 코로 풀을 뜯어 리더의 입에 넣어 먹이려고 하거나 리더를 들어 일으키려고 했다. 코끼리들은 리더가 죽은 뒤에도 몇 번이나 이런 행동을 되풀이하였는데 해가 지자 무리는 떠났다.

또 코끼리에게는 묘지(墓地)가 있다는 이야기가 옛날부터 있는데, 우선 과학적으로는 근거가 없는 것 같다. 그러나 야생의 아프리카코끼리에 관한 조사가 진행됨에 따라 코끼리 떼가 동료의 시체를 매장하는 것이 종종 관측되었다. 인간에게 사살된 코끼리 시체를 무리의 동료들이 둘러싸고 흙이나 나뭇잎 등으로 덮은 것이나 죽은 새끼를 운반하는 어미코끼리가 보고되었다.

이렇게 많은 관찰에서 아프리카코끼리는 확실히 죽음을 의식하는지 모르지만, 어느 정도는 알고 있는 것처럼 보인다.

시간 못지않게 중요한 것이 공간이라는 개념이다. 이미 자세히 얘기한 것처럼 벌에게는 다른 동료에게 꿀이나 꽃가루가 있는 장소를 알리기 위한 언어이라고 해도 무방한 댄스가 있다. 또는 철새와 같이 훨씬 떨어진 공간을 틀림없이 날아가는 능력도 있다.

그러나 인간의 공간 인식은 지구뿐 아니라 우주에까지 미치고 있는 것을 생각하면 동물의 공간 인식과는 전혀 다른 것 같다.

신이라는 밈의 탄생

시간과 공간에 대한 인간과 동물의 의식 차이를 생각하면 신이나 종교가 인간 사회에는 존재하지만 동물의 사회에는 존재하지 않는 것도 당연한 것처럼 생각된다. 도킨스는 신이나 종교에 대해서도 밈이 있다고 주장했다.

확실히 하느님이라는 밈이 어떻게 하여 인간의 사회에 발생하였는지는 명확하지 않다. 그러나 지구상의 모든 민족이 그 사회적 진화 정도와는 관계없이 반드시 신화라는 것을 가지고 있는 것은 사실이다.

우리 조상은 태고의 옛날부터 시간과 공간이라는 개념을 알아차린 것 같다. 시간이라는 개념을 가지고 미래나 과거라는 의식에 눈뜨면 사후(死後)라는 미래의 세계나 역사라는 과거의 세계가 신경 쓰이기 시작한다. 그렇게 되면, 먼저 인간의 조상에 대하여 알고 싶어지고 죽은 후에 무엇이 있는가 하는 의문을 가지는 것은 당연한 일이다.

또한 공간이라는 개념에서는 하늘이나 바다 저쪽에 무엇이 있는가 하는 것에 흥미를 나타내게 된다. 빛나는 태양이나 밤하늘의 별의 움직임이 신경 쓰이고 지구상에서 살고 있는 동물이나 식물에도 눈이 가게 된다.

신화라는 것은 인류가 자연, 생명, 우주라는 불가사의한 것에 관해 설명하기 위하여 탄생했다고 생각된다. 그리스 신화에 나오는 신과 별자리 관계는 아직 아무것도 모르는 우리 선조가 남긴 우주론이었는지 모른다. 또 사후의 세계에 관해서도 천국이나 지옥 같은 것은 우주와 밀접한 관련을 가지고 있다.

그리고 많은 신화에 가장 공통되는 것이 민족의 탄생이다.

어느 신화에도 신에 의해서 창조된 인간이라는 설정은 변함이 없다. 민족의 탄생이 신의 손에 의한 산물이라는 설명은 진화론의 제1보라고 말할 수 있을 것 같다.

이렇게 만들어진 여러 민족의 신화에 공통성이 보이는 것은 인간의 뇌에 밈이 존재하고 있다는 증명과 같다.

확실히 동물 사회에도 인간 사회와 마찬가지로 리더가 존재한다. 그러나 리더라는 것은 어디까지나 실제로 만져볼 수 있고 눈으로 볼 수 있고 귀로 들을 수도 있는 존재이다.

반면 신의 모습은 절대로 볼 수 없고 신의 목소리도 결코 들을 수 없다. 도킨스는 이런 신의 탄생에도 밈이 깊이 관련되어 있다고 한다. 신은 인간이라는 동물의 뇌에만 존재하는 것이며, 그것은 대단히 강한 전달 능력을 가진 밈이라는 상태로 실재한다고 한다.

이기적 전제로부터의 해방

다케우치는 저서 『그런 터무니없는!』에서 도킨스의 생각을 놀랄 만큼 잘 해설했다.

그 중에서 다케우치는 데즈먼드 모리스의 『털 없는 원숭이』를 인용하면서 종교는 인간 집단이 공통의 우위 개체에게 복종 행동을 취하는 것이라고 지적하고 있다. 공통 리더에 복종함으로써 개체 서로가 동료라고 인정하는 모습은 원숭이나 닭 사회에서도 관찰된다.

이런 것을 설명하고 나서 다케우치는

"생각해 보면 어느 종교의 신자도 예배할 때에는 마치 우위의 원숭이를 향한 열위의 원숭이와 같은 행동을 취한다. 머리를 숙이거나 엎드리거나……. 찬송가나 불경은 확실히 우위의 원숭이를 향한 달래는 음성과 비슷하다. 원숭이의 경우와 뚜렷이 다른 것은 인간이 그런 행동을 하는 대상이 현실적으로 존재하는 리더가 아니고 신이라는 가공의 슈퍼리더라는 것이다. 이런 점에서 인간은 많은 원숭이류나 유인원과는 하나의 선을 긋고 있다. 도킨스로 말하면, 인간은 신이라는 밈을 처음으로 태운 탈것이다. 이것은 반대로 유전자는 인간에게서 드디어 신이라는 개념을 만드는 데까지 이르렀다고 말할 수 있을지 모른다"

라고 설명하고 있다.

신의 밈이라는 것은 혈연을 초월한 많은 사람의 마음을 묶을 수 있는 힘을 가지고 있다. 거의 모든 인간의 마음속에는 신의 밈을 어떠한 형태로든 받아들일 준비가 되어 있는 것 같다. 인구가 증가하고 인간 사회가 거대해지면 이윽고 신이라는 밈은 민족 단위의 신화에서 세계적 규모의 종교로 진화한다.

종교라는 밈은 신앙에 의하여 성립한다. 신앙이 맹신(盲信)으로 진행하면 모든 것을 정당화할 수 있다. 어떤 사람이 다른 신을 믿는 이교도라면 맹신은 그 이도교에 사형도 선고할 수 있다. 맹신이라는 밈은 모든 수단으로 사람 마음속에 증식해 가는 것이다. 맹신이라는 것은 종교적인 맹신만이 아니다. 정치적인 맹신이나 문화적인 맹신이 있고 이런 맹신에도 마찬가지 밈이 존재한다.

"맹신은 일체를 정당화할 수 있다"

는 도킨스의 신앙 비판에 대해서 많은 반론이 일어났다. 그러나 도킨스는 『이기적인 유전자』에서

"신앙은 그 자신에게 편리한 뛰어난 세뇌자(洗腦者)이다. 특히 어린이들에 대한 세뇌는 훌륭하고 그 구속을 벗기는 것은 어렵다. 그러나 결국 신앙이란 무엇인가. 그것은 증가가 전혀 없는 상황 아래에서 사람들에게 무엇을(그것이 무엇인가는 문제가 아니다) 믿게 하는 마음의 상태이다"

라고 모든 비판을 명확한 태도로 반론했다.

신앙으로 산을 움직일 수는 없다. 그러나 신앙은 마치 산을 움직일 수 있는 위험한 착각을 많은 사람에게 줄 수 있다. 신앙의 대상이 어떤 것이라도 신앙은 사람들을 끌어당기는 불가사의한 강한 힘을 숨기고 있다.

옛 일본사람은 이런 신앙심을 '정어리 대가리도 신심에서'라는 말로 잘 표현했다. 신앙을 바탕으로 사람을 죽이거나 스스로 목숨을 버리는 일조차 할 수 있는 것을 생각하면 신앙이라는 밈에는 우리가 상상하는 이상의 위력이 있는 것 같다.

도킨스는 이런 종교나 신앙의 밈의 존재를 인정하고 나서 인간에게만 있는 장래에 대한 선견성에 큰 기대를 걸고 있다. 개개인이 기본적으로는 이기적인 유전자에 지배되는 존재라고 해도 인류가 가진, 의식적으로 미래를 시뮬레이트(simulate)할 수 있는 선견 능력에는 맹신의 밈이 일으키는 모든 이기적인 폭거(暴擧)로부터 우리를 구할 가능성이 있다고 한다.

실제로 우리 인간은 눈앞의 이기적인 이익보다는 장기적인 이익을 우선시하는 지적인 능력이 있다.

『이기적인 유전자』에서 도킨스는 인간의 뇌가 유전자에 반역할 수 있을 만큼 충분히 유전자에서 분리하여 독립된 존재라고 전제하고 나서

"우리에게는 우리를 태어나게 한 이기적 유전자에 반항하여, 또한 만일 필요하면 우리를 교화한 이기적 밈에도 반항하는 힘이 있다. 순수하고 사욕이 없는 이타주의(利他主義)는 자연계에는 안주의 땅이 없는, 그리고 세계의 모든 역사를 통틀어 선례가 없는 것이다. 그러나 우리는 그것을 계획적으로 육성하고 교육하는 방법을 논의할 수 있다. 우리는 유전자 기계로 조립되어 밈 기계로 교화되어 왔다. 그러나 우리에게는 이들 창조자에 대항하는 힘이 있다. 이 지상에서 유일하게 인간만이 이기적인 자기 복제자들의 전제 지배에 반역할 수 있다"

라고 분명히 설명했다.

인간이 가지고 있는 생물적인 형질은 모두 유전자에 의해서 자손에게 전달된다. 생물로서의 인류의 미래는 유전자에 지배된다. 그러나 그런 인간이 만든 사회나 문화를 자손에게 전하는 것은 유전자가 아니고 뇌다.

분명히 인간의 뇌는 핵무기를 만들고 환경오염을 일으키고 말았다. 한편 최근에 와서 우리 뇌에는 이런 일에 대한 깊은 반성이 싹트고 있다. 이기적인 유전자에는 이런 반성 따위는 존재하지 않는다. 그것은 단지, 오르지 자기 복제를 늘리는 일에만 광분한다.

오로지 계속 늘어나려고 하는 유전자와 적어도 미래에 대한 비전을 가질 수 있는 뇌의 싸움이 도킨스가 말하는 것처럼 뇌의 승리로 끝날 것을 진심으로 기대한다.

이기적 유전자를 둘러싼 논쟁
—후기에 대신하여

혈연 선택설에서 이기적 유전자설로

1976년, 도킨스가 『이기적인 유전자』를 출판하면서 생물 개체는 유전자를 자손에게 전하기 위한 기계에 지나지 않는다는 생각을 발표한 것과 동시에 유럽을 중심으로 이 새로운 진화론을 둘러싸고 일대논쟁이 일어났다.

도킨스는 생물은 유전자를 나르는 차(Vehicle)와 같은 것이며, 차를 운전하는 기사는 유전자이며, 생물의 행동은 모두 운전기사인 유전자에 의하여 지배되고 있다고 했다. 그리고 도킨스는 유전자가 어떻게 살아남아 자손에게 전해지는가 하는 전략이 유전자 자신에게 존재한다는 생각에 기초하여 생물 진화를 설명했다.

다윈의 진화론에서는 생존에 가장 알맞은 개체가 살아남고 그들만이 자손을 불릴 수 있다는 것이 기본 원리이다. 그 때문에 많은 동물에서 인정되는 여러 가지 이타적인 행동은 다윈 진화론으로는 도저히 설명할 수 없었다.

아프리카의 사바나에 사는 리카온은 무리를 짓고 사는 개과 동물이다. 이 리카온은 무리 가운데 수컷 한 마리만 생식을 하여 자손을 남길 수 있다. 무리의 나머지 리카온들은 자기 새끼를 만들지 않고 다른 수컷의 새끼를 돌본다.

꿀벌의 경우에도 일벌은 자신의 자손을 남길 수 없다. 일벌의 일생은 처음 10일간은 자기보다 어린 형제에게 먹이를 주고, 다음 10일 동안 집 청소를 하고, 이윽고 4주째부터는 죽을 때까지 꽃가루나 꿀을 채집한다. 이런 일벌의 일생을 보면 자기 자신을 위한다기보다는 마치 다른 꿀벌을 위해서 사는 것같이 생각된다. 이렇게 동물의 행동에는 자기 자신을 희생하는 이타적으로 보이는 행동이 많이 있다.

이러한 동물의 이타적인 행동을 설명하기 위하여 1964년에 영국의 W. D. 해밀턴이 제창한 것이 '혈연 도태설(血緣淘汰說)'이라는 진화론이다.

해밀턴은 자손을 남길 수 있는 가능성이 거의 없을 때에는 같은 무리중의 자기와 같은 유전자나 자기 유전자와 아주 가까운, 이를테면 혈연적인 유전자를 자손에게 전하는 것은 생물에게는 최상이 아니어도 차선의 선택이라고 생각했다.

또, 다윈 진화론에서는 생물의 형질 변화에 대한 설명은 할 수 있어도 동물의 행동에 관한 진화에 대해서는 설명할 수 없는 것이 많이 존재한다.

다윈 진화론으로는 동물의 모든 행동은 개체의 생존에 유리한 것이어야 한다. 공작 수컷이 놀랄 만큼 아름다운 깃털을 펼치는 것은 암컷에 대한 성적 유인보다는 아름다운 수컷이 보다 많은 암컷과 교미하여 자손을 많이 남기는 기회가 있으므로 수컷 깃털은 아름다워지는 방향으로 진화해 왔다고 한다.

레밍의 집단 자살이라는, 어떻게 보아도 생존에 불리하다고밖에 생각할 수 없는 행동조차도 레밍이 계속 불어났기 때문에 먹이가 없어져서 집단으로서 자멸하지 않기 위한 행동이라든가, 원래의 생활 장소에서는 번식하기 어려운 레밍들이 새로운 장소를 구하여 헤엄쳐서 이동할 때에 익사해 버린다고 하는 것

과 같이 어디까지나 생물에게 살아남기 위한 유리한 행동이라
고 생각해야 한다.

어쨌든 동물의 행동 그 자체가 과학적인 연구 대상이 되기
어려운 분야였던 것은 사실이다. 그런데, 1940년대부터 오스트
리아의 로렌츠나 영국의 틴버겐에 의하여 동물의 행동에 관한
과학의 빛이 비춰지고 동물 행동학이라는 새로운 분야가 탄생
했다.

도킨스는 그때까지의 다윈 진화론으로는 아무래도 이해할 수
없었던 많은 동물의 행동에 관해 동물 행동학이나 혈연 도태설
을 발전시켜 이기적인 유전자의 살아남기 전략이라는 생각으로
설명했다. 또한 도킨스는 생물의 모습이나 형태라는 형질뿐 아
니라 동물이 가장 유리한 행동을 취하는 것도 자연도태가 유전
자에게 작용하여 진화한 결과라고 했다.

도킨스의 재반론

이러한 이기적 유전자라는 가설에 대하여 많은 진화론자가
반론이나 의문을 던졌다. 이런 비판 하나하나에 대하여 도킨스
는 재반론을 했다.

먼저 개체 도태로는 설명할 수 없는 자연도태의 예외적인 케
이스에 대해서만 혈연 도태라는 생각을 적용하면 된다는 반론
이 있다. 이 점에 대하여 어디까지나 유전자를 중심으로 생각
하면 혈연 도태는 결코 특수한 것이 아니라고 하고, 도킨스는
개체 도태로 설명할 수 있는 부모에 의한 양육 쪽이 오히려 혈
연 도태의 특수한 케이스라고 설명했다.

또, 도킨스는 혈연 도태를 무리 도태의 하나라고 한다. 그 때

문에 혈연 도태가 작용하는 대상은 어디까지 개체군이고 무리
나 집단이 가족 등의 혈연 집단으로 나뉘지 않아도 혈연 도태
가 일어난다고 주장한다.

　동물들이 자기와 형제의 혈연 계수가 1/2이라든가, 사촌인
경우에는 1/8이라고 하는 것을 어떻게 계산할 수 있는가 하는
비판이 있다. 실제로 사회 인류학자로서 유명한 M. 서린즈는
그의 저서 『생물학의 이용과 오용』에서 이런 비판을 했다.

　이런 비판에 대하여 도킨스는 달팽이 껍질을 예로 들어 반론
했다. 달팽이 껍질을 멋진 로그 나선을 그리는데, 달팽이가 껍
질을 만드는 데 특별히 로그표를 이해할 필요가 없음은 당연하
다. 달팽이는 별로 뛰어난 수학자가 아니어도 된다. 확실히 생
물이 어떤 수학적 법칙에 따라서 행동하고 있다는 것과 생물이
그런 수학적인 법칙을 이해하는지는 전혀 다른 이야기다. 실제
로 동물은 만유인력의 법칙을 몰라도 만유인력의 법칙에 따라
행동한다.

　또 동물이 누가 자기와 가까운 관계(근연자)인가를 어떻게 판
단하는가 하는 의문도 있다. 이기적인 유전자라는 생각이 제창
되고 나서 이 혈연인지라는 문제는 많은 생물학자 사이에서 검
토되었다. 우리 인간인 경우에는 자기 친척이나 식구의 인지는
부모나 주위 사람들의 가르침으로 알게 된다.

　동물들의 경우에는 사람과 달리 가까운 관계의 구별은 냄새
로 판단하는 일이 많은 것 같다. 최근에는 이런 냄새에 의한
혈연인지에 관한 연구가 진행되어 「동물의 혈연인지」라는 논문
집이 미국에서 출판되었다.

　또, 동물들이 행하는 가까운 관계를 향한 이타적인 행동을

직접적으로 지배하는 유전자가 정말로 존재하는가 하는 의문도 있다. 사실, 이러한 행동 유전자의 존재는 증명되지 않았다.

이런 반론에 대하여 도킨스는 다음과 같이 반론했다. 어떤 형질을 지배하고 있는 형질 유전자가 있다고 해도 단지 1개의 유전자가 어떤 형질을 만든다고 생각하기 어렵다. 나팔꽃이라고 해도 그 색이나 모양은 각각 다른 유전자에 지배되고 있다.

동물들의 이타적인 행동을 지배하는 유전자를 상정한 경우에도 역시 하나의 유전자에만 지배된다고 생각할 수 없다. 예를 들면, 소식가인 사자는 먹이를 그다지 먹지 않으므로 다른 사자에게는 먹이를 많이 얻을 수 있어서 고맙다. 그 때문에 소식가인 사자는 결과적으로 무리의 동료를 위한 이타적인 행동을 하는 것이 된다. 도킨스는 사자의 소식 원인이 충치라고 하면, 충치를 일으키는 유전자가 이타적인 행동을 위한 유전자의 하나일지 모른다고 한다.

자연도태에 대하여

도킨스의 이기적 유전자설을 진화론이라는 입장에서 요약하면 자연도태가 작용하는 단위는 개체나 종이 아니고 유전자다. 유전자야말로 자연도태가 작용하는 단위가 된다. 그러나 많은 생물의 형질이 자연도태로 진화한 것임을 인정해도 모든 형질을 자연도태된 결과로 한정시킬 수는 없다는 전문가도 적지 않다.

그런 입장에서 자연도태가 만능이라는 생각에 반론을 제기하는 진화론자가 바로 미국의 유전학자 R. 루원틴이다. 루원틴은 코뿔소의 뿔을 예로 들면서 도킨스의 이기적인 유전자라는 개념에 반론했다.

코뿔소 뿔의 수를 보면 인도코뿔소는 1개밖에 없는데, 아프리카에 있는 흰 코뿔소와 검은 코뿔소 뿔은 2개다. 이 인도와 아프리카의 코뿔소 뿔의 수 차이에 대하여 어느 코뿔소가 보다 환경에 적응했는지를 논의하는 것은 난센스라고 루원틴은 주장한다.

코뿔소 뿔이 1개인가 2개인가 하는 것은 유전자가 지배한다. 루원틴은 이런 유전자는 뿔이 1개인 개체와 2개인 개체 가운데 어느 쪽이 보다 유리한 탈것인를 정말로 일일이 판단할까 하고 루원틴은 의문을 던진다.

확실히 이 지구상에 뿔이 한 개인 코뿔소와 뿔이 두 개인 코뿔소가 있다고 해서 어느 쪽 코뿔소가 생존에 유리한가를 일일이 자연도태로 설명하는 것은 중요하다고 생각할 필요가 없을지 모른다. 그렇게 생각하면, 도킨스가 구축한 이기적 유전자라는 이론도 생각했던 것보다 대단한 의미가 없는지 모른다.

자연도태라는 생각은 진화를 대단히 알기 쉽게 한다. 그러나 자연도태가 너무나도 진화론의 중심이 되어버려서 지금은 자연도태 없이는 진화를 생각할 수조차 없게 됐다. 그리고 어느새 자연도태가 여러 진화 요인의 하나라는 생각은 허용되지 않게 되었다.

그런데 다윈 진화론 탄생에서 이미 130년의 세월이 흘렀는데도 자연도태는 단 한 번도 관찰되지 않았다. 자연도태가 관찰되었다고 널리 알려진 유일한 예가 있다. 영국에서 발견된 회색가지나방이라는 나방의 빛깔이 공업화에 따라 검어진 공업암화(工業暗化)라는 현상이다. 그러나 이것조차도 단순한 가역적인 적응 현상임이 밝혀졌다.

　도킨스가 제창한 새로운 이기적 유전자설은 대단히 창조적이고 매력적인 진화론이다. 그러나 진화론에 관한 근본적인 의문을 해결해 주는 마법의 이론이 아닌 것만은 인정해야 한다.

　인간 사회의 비정을 경고한 『한비자(韓非子)』나 『군주론(君主論)』은 확실히 인생의 지혜를 담은 책이기는 하지만 만능의 책은 아닌 것과 마찬가지로……

이기적인 유전자란 무엇인가

DNA는 이기주의자!

초판 1쇄 1994년 02월 20일
개정 1쇄 2019년 02월 01일

지은이 나카하라 히데오미, 사가와 다카시
옮긴이 한명수
펴낸이 손영일
펴낸곳 전파과학사
주소 서울시 서대문구 증가로 18, 204호
등록 1956. 7. 23. 등록 제10-89호
전화 (02)333-8877(8855)
FAX (02)334-8092
홈페이지 www.s-wave.co.kr
E-mail chonpa2@hanmail.net
공식블로그 http://blog.naver.com/siencia

ISBN 978-89-7044-853-4 (03470)
파본은 구입처에서 교환해 드립니다.
정가는 커버에 표시되어 있습니다.

도서목록
현대과학신서

도서목록

BLUE BACKS